Mudasir Hafiz Khan
Sunil Dutt Tyagi

Melhoramento de culturas assistido por marcadores moleculares

Mudasir Hafiz Khan
Sunil Dutt Tyagi

Melhoramento de culturas assistido por marcadores moleculares

ScienciaScripts

Imprint
Any brand names and product names mentioned in this book are subject to trademark, brand or patent protection and are trademarks or registered trademarks of their respective holders. The use of brand names, product names, common names, trade names, product descriptions etc. even without a particular marking in this work is in no way to be construed to mean that such names may be regarded as unrestricted in respect of trademark and brand protection legislation and could thus be used by anyone.

Cover image: www.ingimage.com

This book is a translation from the original published under ISBN 978-3-330-33352-9.

Publisher:
Sciencia Scripts
is a trademark of
Dodo Books Indian Ocean Ltd. and OmniScriptum S.R.L publishing group

120 High Road, East Finchley, London, N2 9ED, United Kingdom
Str. Armeneasca 28/1, office 1, Chisinau MD-2012, Republic of Moldova, Europe
Managing Directors: Ieva Konstantinova, Victoria Ursu
info@omniscriptum.com

Printed at: see last page
ISBN: 978-620-8-57491-8

As plantas sempre foram consideradas uma importante fonte de energia para a sobrevivência e evolução do reino animal e constituem a base de qualquer pirâmide ecológica. Nos primórdios da investigação, as estratégias clássicas, como a anatomia comparada, a fisiologia e a embriologia, foram utilizadas para análises genéticas destinadas a determinar a variabilidade inter e intra-específica. Nas últimas décadas, a genómica vegetal generalizou-se e conduziu a uma revolução neste domínio. Os marcadores moleculares úteis para a análise do genoma vegetal tornaram-se um instrumento importante desta revolução. No entanto, na última década, os marcadores moleculares complementaram rapidamente as estratégias convencionais. Os marcadores moleculares incluem componentes bioquímicos (por exemplo, metabolitos secundários em plantas) e macromoléculas, nomeadamente proteínas e ácidos desoxirribonucleicos (ADN). No entanto, a análise dos metabolitos secundários está limitada às plantas que produzem uma série adequada de metabolitos que são fáceis de analisar e permitem distinguir as variedades. Estes metabolitos utilizados como marcadores devem, idealmente, ser neutros em relação às influências ambientais ou às práticas de gestão. Os cultivadores de plantas precisam de ter um conhecimento profundo e um acesso fácil a estas ferramentas e técnicas para desenvolverem variedades de plantas de forma mais rápida e eficiente. Este manual é uma "sinopse instantânea" do melhoramento molecular para o futuro. A lista de referências e a leitura recomendada no final de cada artigo ajudarão os leitores a encontrar mais informações sobre tópicos relevantes. Para além disso, este livro será um pacote para compreender a tecnologia de marcadores moleculares e a sua aplicação ao melhoramento de culturas.

Mudasir Hafiz
Khan Sunil
Dutt Tyagi

CONTEÚDO.

CAPÍTULO - 1

Seleção molecular na produção vegetal

Durante a última década e meia, o melhoramento de plantas tem tirado partido de ferramentas biotecnológicas modernas que tornam o processo mais preciso do que nunca. Esta tecnologia é geralmente designada por "seleção assistida por marcadores". A seleção assistida por marcadores consiste em selecionar a expressão desejada de uma caraterística, como a resistência a doenças, sem medir a expressão dessa caraterística. Os marcadores moleculares são segmentos simples de ADN num organismo, localizados num único cromossoma (é aqui que o ADN se encontra em cada organismo) e estreitamente associados a um ou mais genes ou regiões resistentes no cromossoma (também conhecidos como loci de caraterísticas quantitativas ou QTL). Os marcadores moleculares colocados nos genes de interesse são uma das muitas formas de selecionar esses genes a partir de uma variedade de meios para atingir o alvo, com facilidade e precisão, ao contrário de outros meios. Graças ao desenvolvimento de métodos simples que permitem a criação de laboratórios de melhoramento com um mínimo de equipamento, a seleção molecular assistida por marcadores (MAS) tornou-se um método comum de melhoramento de plantas orientado.

A utilização de marcadores moleculares tornou-se uma abordagem poderosa e eficaz que complementa o melhoramento vegetal convencional para melhorar as plantas cultivadas. Existe atualmente um grande número de marcadores moleculares, incluindo RFLP, com base na hibridação do Sul, e RAPD, ISSR, SSR e STS, com base na reação em cadeia da polimerase. AFLP e CAPS são outros marcadores baseados em PCR que envolvem digestão de restrição antes ou depois da amplificação. A disponibilidade de um grande número de marcadores genómicos de microssatélites com posições fixas nos cromossomas, bem como de outros marcadores transformados, como os marcadores SCAR (Sequence Characterized Amplified Region) ou STS (Sequence Tagged Site), permitiu a utilização prática e precisa da MAS . O mais recente sistema de marcadores a ser acrescentado a esta matriz é o polimorfismo de nucleótido único (SNP), que utiliza os vastos recursos de sequências de ADN disponíveis em diferentes espécies de plantas. Cada um destes marcadores tem os seus próprios pontos fortes e limitações.

Marcadores versus "**seleção tradicional de plantas**

É importante compreender que os marcadores moleculares são apenas uma série de novas ferramentas nas mãos de um criador treinado para as utilizar da mesma forma que os seres humanos utilizam um gene conhecido quando escolhem pais para cruzamentos selectivos ou quando selecionam material genético. A vantagem dos marcadores moleculares, e por vezes o seu valor único, é a possibilidade de uma "seleção precisa" e de uma "seleção inequívoca", mesmo que a caraterística não possa ser rastreada. Isto não quer dizer que a seleção assistida por marcadores seja diferente do melhoramento vegetal tradicional. A hereditariedade de uma caraterística é a mesma que a de qualquer outra caraterística, a única diferença é que vemos a segregação do genótipo e não do fenótipo.

A mesma abordagem pode, por conseguinte, ser utilizada para

Cultura em que a seleção orientada pode ser efectuada diretamente a partir de F2, a fim de minimizar o número de loci homozigóticos, selecionando o número máximo de marcadores co-dominantes.

cruzamento invertido, em que os dois antecedentes genómicos dos progenitores podem ser reunidos com um mínimo de retrocruzamentos em busca de loci homozigóticos distribuídos por todos os cromossomas através da seleção de marcadores detectáveis em todos os cromossomas de cada braço, enquanto o gene alvo da forma homozigótica na geração BC1F2 pode ser facilmente identificado pelo seu marcador marcado

Seleção recorrente, em que os marcadores ligados aos alelos ou loci desejados podem ser monitorizados de forma a selecionar, com um número mínimo de cruzamentos, recombinantes que possuam a maioria dos alelos desejados.

Reprodução híbrida em que os marcadores podem ser utilizados para selecionar progenitores heterozigóticos e descendentes híbridos confirmados num grande número de cruzamentos com uma avaliação mínima no terreno na fase inicial.

Marcadores moleculares: alguns destaques

Para serem utilizados com sucesso, os marcadores moleculares marcados para os genes de interesse devem ter determinados valores mínimos de referência:

- Os marcadores assinalados devem ser validados em diferentes grupos genéticos.
- Os marcadores devem ser validados com outros genes para a mesma caraterística
- O polimorfismo é facilmente detetável devido à robustez e à singularidade do fragmento do marcador.
- A ligação ao gene em causa deve situar-se num intervalo de 10 cM, de preferência inferior.
- É desejável que um gene seja flanqueado de ambos os lados por marcadores, de modo a que seja possível verificar a presença de um gene através da deteção de ambos os marcadores, dado que os cruzamentos duplos em secções curtas são mínimos e a recombinação é a menos provável.

Os marcadores são utilizados em várias áreas do melhoramento vegetal, como a avaliação da diversidade genética, a criação de mapas genómicos de alta densidade, o mapeamento e a marcação de genes, a seleção genética baseada em mapas e a seleção assistida por marcadores (MAS). A MAS é utilizada para transferir genes-alvo de um fundo genético para outro, utilizando marcadores estreitamente relacionados, conhecidos como seleção a montante. A MAS também é utilizada para reconstruir rapidamente o genoma de progenitores recorrentes durante a seleção de retrocruzamentos, utilizando um grande número de marcadores aleatórios ou mapeados com cobertura completa do genoma. Este processo é designado por seleção de fundo. A MAS exige, portanto, marcadores estreitamente ligados aos genes das caraterísticas-alvo, bem como uma elevada densidade de mapas genómicos das plantas cultivadas em causa. Esta condição não se verifica em todas as culturas e em todas as caraterísticas.

A resistência a factores de stress biótico e abiótico é geralmente regulada por loci de caraterísticas quantitativas (QTL) ou, por vezes, por genes nucleares. Além disso, a maioria das caraterísticas economicamente importantes são QTL. No entanto, estas caraterísticas não podem ser facilmente atribuídas à sua expressão fenotípica, uma vez que dependem das condições ambientais. O polimorfismo molecular no ADN genómico pode ser utilizado eficazmente para marcar estas regiões e cartografá-las em cromossomas específicos, a fim de permitir a mobilização e a colocação em pirâmide destes genes/QTL através da seleção assistida por marcadores (MAS). Este método aumenta a eficiência e a precisão do melhoramento vegetal e animal para melhorar a expressão de caraterísticas relevantes. O desenvolvimento de mapas e marcadores é de importância económica global, uma vez que podem ser utilizados como base de conhecimento para uma seleção precisa e um melhoramento orientado das caraterísticas.

No que se refere às culturas agrícolas, é necessário identificar propriedades como a tolerância à seca, ao calor, à salinidade, à toxicidade do alumínio e do ferro para plantas como o grão-de-bico, o feijão-mungo e o urd, destinados a fornecer proteínas à população vegetariana, e o trigo, uma importante cultura alimentar na Índia e nos Estados Unidos. O quiabo, uma cultura hortícola, também sofre com estes factores de stress. Além disso, doenças como a fusariose e as lesões de alternaria limitam a produtividade das plantas. Uma iniciativa de melhoramento molecular para estas caraterísticas é suscetível de fornecer soluções consideráveis, e a iniciativa de mapeamento criará uma base de conhecimentos útil para a genómica futura e para uma utilização generalizada.

Outra área importante, que fornece uma base de dados para a seleção planeada em geral e a seleção molecular em particular, é a utilização da diversidade de germoplasma disponível para procurar alelos com diferentes níveis de expressão de caraterísticas. Estes alelos podem ser obtidos utilizando perfis de sequência molecular de espécies através de variantes genéticas. Esta atividade oferecerá uma maior variabilidade genética para ser mobilizada em variedades através do melhoramento genético.

A seleção molecular para caraterísticas complexas é um método eficaz para a seleção precisa de plantas e animais. Esta abordagem permite poupar tempo, espaço e recursos após o mapeamento dos genes associados às caraterísticas visadas e a identificação dos marcadores associados a esses genes/QTL. Ambos os países podem beneficiar de um interesse comum em ultrapassar os factores que levam a uma menor produtividade agrícola, melhorando os conhecimentos a nível genético. Uma abordagem em rede para a colaboração entre instituições que partilham materiais e pontos de trabalho para o mapeamento de genes/QTLs para tais caraterísticas em culturas importantes para a ecologia tropical criará essa base de informação específica. Os mapas e as regiões genómicas que contêm os genes visados podem então ser utilizados como base de dados para identificar alelos com variabilidade genética e mobilizar, utilizando marcadores, um fundo genotípico desejável para o melhoramento genético das espécies.

CAPÍTULO - 2

Avanços recentes na biologia molecular das plantas

Dado que a Índia é um país com uma grande diversidade de culturas, este aspeto deve ser tido em conta ao dar prioridade às culturas para melhoramento transgénico. Uma estratégia a longo prazo deve ter em conta os objectivos globais, que incluem o aumento da produtividade e da rentabilidade, em especial para os pequenos agricultores e os agricultores pobres. A Índia experimentou em primeira mão os benefícios da Revolução Verde no trigo e no arroz, que lhe salvaram a vida. Os rendimentos do trigo e do arroz atingiram agora um patamar, e as tecnologias tradicionais atualmente utilizadas para o trigo, o arroz e outras culturas têm de ser complementadas para alimentar uma população crescente de 1,5 mil milhões de pessoas até 2050. Reconhecendo a importância da biotecnologia para os benefícios económicos da agricultura e para a melhoria da saúde humana, o governo indiano tem dado a devida importância não só ao desenvolvimento de uma mão de obra qualificada em biotecnologia, mas também à criação de fortes centros de biologia molecular vegetal no país. O governo indiano criou um ministério específico para a biotecnologia, que contribuiu para o desenvolvimento das infra-estruturas e capacidades necessárias para utilizar novas tecnologias avançadas para melhorar a saúde humana, e aumentou significativamente o apoio do ICAR à biotecnologia.

Avanços na investigação biotecnológica

Nos últimos vinte anos, a biologia molecular das plantas deu um contributo essencial para o desenvolvimento da biologia molecular e da engenharia genética. O desenvolvimento de métodos eficazes, como a transformação mediada por Agrobacterium e o bombardeamento de partículas para introduzir genes estranhos nas células vegetais, conduziu à transformação genética de todas as principais espécies de culturas. Neste processo, foi desenvolvida uma série de propriedades importantes das plantas.

A reorientação dos nossos programas de investigação relacionados com o estudo das plantas transgénicas com base na relevância nacional é uma prioridade. A biotecnologia agrícola é um instrumento poderoso e extremamente útil para acompanhar o ritmo de uma população em constante crescimento, garantir a segurança alimentar e nutricional e enfrentar os desafios colocados pelo agravamento dos factores de stress biótico e abiótico. Esta tecnologia é igualmente adequada para melhorar o bem-estar dos agricultores, a saúde, o ambiente e os meios de subsistência das populações. As áreas prioritárias necessárias são **Isolamento de genes e promotores**

A disponibilidade de genes e promotores adequados é essencial para que um programa transgénico completo possa ser levado até à sua conclusão lógica. A maior parte dos genes e promotores que foram utilizados ou comercializados em grande escala no passado estiveram ligados a questões de propriedade intelectual. Além disso, muitos genes/promotores úteis em programas de biotecnologia agrícola foram isolados em países industrializados. Até à data, foi efectuada uma quantidade considerável de investigação sobre diferentes genes provenientes desses programas. No entanto, nos últimos dez anos, vários laboratórios na Índia isolaram genes úteis para melhorar a qualidade das proteínas, a tolerância ao stress abiótico, etc. Estes genes incluem genes sintéticos codificados. Estes incluem genes sintéticos que codificam endotoxinas Bt e genes de tipo selvagem que codificam proteínas de armazenamento, inibidores de proteases, lectinas e enzimas/proteínas relacionadas com a tolerância à osmose e caraterísticas de qualidade do grão. Espera-se que outros genes sejam encontrados nos próximos anos com base em informações de sequência dos genomas da Arabidopsis e do arroz. No entanto, os promotores disponíveis são insuficientes, nomeadamente para a expressão de genes estranhos em monocotiledóneas. Vários laboratórios disponibilizam promotores CaMV 35S modificados, promotores específicos dos meristemas e promotores específicos das sementes. Os promotores constitutivos, como o CaMV 35S, também têm limitações de expressão nos tecidos reprodutivos ou durante a senescência. A procura de promotores constitutivos tecido-específicos potentes é essencial. Eis algumas das principais áreas de investigação sobre promotores genéticos e :

- Genes de origem vegetal que conferem resistência a insectos nocivos

> Modificação dos genes que codificam *as proteínas* insecticidas *Bt*

> Genes envolvidos na qualidade das proteínas e na biossíntese de vitaminas

> Genes responsáveis pela tolerância ao stress abiótico

> Genes de resistência a doenças (virais e fúngicas)

> Identificação de potentes promotores constitutivos e específicos dos tecidos

> Desenvolvimento de construções adequadas para a transformação genética de plantas

> **Sistemas de transformação de plantas**

A cultura e regeneração *in vitro* de plantas é um pré-requisito para a modificação genética das plantas. Existem atualmente procedimentos de rotina para a modificação genética de muitas espécies de plantas, incluindo espécies monocotiledóneas. No entanto, ainda não estão disponíveis procedimentos para algumas culturas importantes, como o algodão, o grão-de-bico, o feijão doce, a manga, etc. Embora estejam disponíveis procedimentos normalizados para a transformação e regeneração de várias culturas, não foram implementados programas de transformação em grande escala em muitos laboratórios, nomeadamente em institutos públicos de investigação. É necessário abordar os condicionalismos que impedem esse trabalho.

Os métodos de transformação actuais não permitem a inserção orientada do transgene no cromossoma hospedeiro. O número de cópias do transgene inseridas é também muito variável. Em média, mesmo no caso da transformação *mediada por Agrobacterium*, são inseridas 2,5 cópias do transgene. Idealmente, as plantas transgénicas devem ter uma única cópia. A maioria das plantas transgénicas obtidas estará, portanto, associada a um ou outro efeito negativo. Consequentemente, é necessário obter, analisar e avaliar um grande número de plantas transgénicas independentes para produzir culturas transgénicas comercialmente viáveis.

Algumas culturas, como o trigo, o arroz, o milho, o grão-de-bico, o mirtilo, o algodão, o amendoim, etc., são muito pouco adequadas para a regeneração *em cultura de tecidos in vitro* e, por conseguinte, para a transformação genética. Por conseguinte, deve ser dada maior atenção ao desenvolvimento de protocolos de regeneração e transformação para culturas economicamente importantes, como o trigo, o arroz, o milho, o algodão, o mirtilo, o grão-de-bico, o amendoim, o sorgo e o painço, cultivadas por agricultores pobres.

Desenvolvimento e comercialização de culturas transgénicas

As culturas transgénicas, que exprimem genes estranhos que oferecem uma proteção suplementar contra as pragas e os vírus, poderão dar um contributo importante para uma agricultura sustentável no futuro. A biotecnologia está claramente a preparar o caminho para o desenvolvimento de variedades transgénicas que oferecem maior produtividade e melhor qualidade nutricional. Desta forma, as abordagens modernas acelerarão o processo de desenvolvimento agrícola no nosso país.

Situação atual das culturas transgénicas a nível mundial

Existem cinco tipos principais de plantas transgénicas: plantas com genes para melhorar a qualidade dos produtos, plantas com genes para resistência a doenças e pragas, plantas com genes para resistência a herbicidas e plantas com genes para resistência a condições ambientais que conduzem a perdas de colheitas (frio extremo, calor, seca, concentração de sal, etc.).Uma nova classe de plantas transgénicas são as nutracêuticas, ou seja, plantas com propriedades benéficas para a saúde, como as que produzem concentrações mais elevadas de certos compostos como o licopeno ou o W-caroteno. Uma nova classe de plantas transgénicas, cada vez mais produzidas com recurso a técnicas modernas, designadas por plantas farmacêuticas, visa utilizar as plantas para produzir outros produtos, como medicamentos e produtos químicos industriais.

Nos últimos anos, o desenvolvimento de plantas transgénicas com uma série de novas caraterísticas, como a resistência aos insectos, às doenças, aos herbicidas, aos híbridos, a melhoria da qualidade do óleo, etc., conduziu ao cultivo em grande escala de plantas transgénicas (culturas geneticamente modificadas), que cobrem atualmente 125 milhões de hectares ou 166 milhões de "hectares de caraterísticas" em todo o mundo (2008). O número de países que cultivam culturas biotecnológicas aumentou para 23, dos quais 12 países em desenvolvimento e 11 países industrializados. O nível muito elevado de adoção pelos agricultores mostra que as culturas biotecnológicas têm tido um desempenho consistentemente bom e estão a trazer benefícios económicos aos pequenos e grandes agricultores nos países em desenvolvimento e nos países desenvolvidos. Em 2008, a Índia, o maior país produtor de algodão do mundo, registou o maior aumento da área cultivada com culturas Bt. Bt. para 7,6 milhões de hectares. Em 2008, os Estados Unidos, seguidos da Argentina, do Brasil, do Canadá, da Índia e da China, continuaram a ser os maiores utilizadores mundiais de culturas biotecnológicas. 62,5 milhões de hectares foram plantados nos Estados Unidos (50% da superfície mundial consagrada às culturas biotecnológicas), dos quais cerca de 52% eram produtos empilhados com dois ou três traços. Os produtos empilhados, atualmente utilizados nos Estados Unidos, no Canadá, na Austrália, no México, na África do Sul e nas Filipinas, constituem uma tendência importante e crescente para o futuro, respondendo a muitas das restrições de rendimento impostas aos agricultores. Em 2008, a soja biotecnológica continuou a ser a principal cultura biotecnológica, com 65,8 milhões de hectares (53% da área biotecnológica mundial), seguida do milho (37,3 milhões de hectares, 30%), do algodão (15,5 milhões de hectares, 12%) e da colza (5,9 milhões de hectares, 5% da área biotecnológica mundial). A crescente influência colectiva dos cinco países em desenvolvimento no centro da classificação é uma importante tendência contínua que tem implicações para a futura introdução e aceitação de culturas biotecnológicas em todo o mundo. Cada um dos cinco países beneficiou, à sua maneira, das culturas biotecnológicas.

O estado da investigação sobre transgénicos na Índia

A investigação e o desenvolvimento actuais no domínio da biotecnologia vegetal na Índia centram-se nas plantas biotecnológicas que podem contribuir para rendimentos mais elevados e mais estáveis e para uma melhor nutrição. A investigação e o desenvolvimento em curso no domínio da investigação transgénica na Índia conduziram ao desenvolvimento de uma série de plantas transgénicas portadoras de genes para caraterísticas agronómicas e de qualidade. As plantas de algodão transgénico (híbridos de algodão Bt), resistentes ao ataque de insectos, foram aprovadas para cultivo comercial em 2002. Em 2002, as primeiras plantas de algodão transgénico Bt foram plantadas na Índia numa área de cerca de 50 000 hectares. Atualmente, estima-se que 6,2 milhões de hectares (2008) estejam plantados com híbridos de algodão Bt autorizados. Sítio Web

Os institutos sob a égide do ICAR, DST, DBT e CSIR criaram um grande número de instalações onde se realiza investigação de ponta em transgénicos (quadro 1). Foram realizados progressos significativos na identificação de novos genes ligados a factores de stress biótico e abiótico, a caraterísticas de qualidade, ao desenvolvimento de novos sistemas de administração de medicamentos, a diagnósticos, a vacinas recombinantes, à biologia assistida por computador e a muitos outros domínios conexos.

Além disso, estão em desenvolvimento no sector privado indiano as seguintes nove culturas biotecnológicas: couve, couve-flor, algodão, milho, mostarda/semente de colza, quiabo, ervilha-doce, arroz e tomate. Atualmente, 10 culturas biotecnológicas estão a ser submetidas a ensaios de campo, como mostra o quadro 2. A Índia poderá lançar várias culturas biotecnológicas num futuro próximo. O público e os profissionais estão preocupados com as culturas transgénicas em termos dos seus efeitos a curto e longo prazo na saúde humana e no ambiente, bem como com os receios de fuga e introdução de transgénicos. No entanto, com uma seleção cuidadosa das plantas, das caraterísticas, das estratégias e das políticas públicas, as culturas transgénicas devem ser desenvolvidas e introduzidas para aumentar a produtividade das plantas e cumprir os objectivos agrícolas nacionais.

Biossegurança e questões sociais

No contexto da investigação em biotecnologia e radiações, há uma série de questões de biossegurança e societais que precisam de ser adequadamente abordadas. As pessoas estão geralmente preocupadas com questões de biossegurança relacionadas com a saúde humana e o ambiente.

i) Fluxo genético através da cadeia alimentar

Um desses receios é o de que os genes presentes nos alimentos geneticamente modificados sejam facilmente absorvidos pelos consumidores quando estes os ingerem e se tornem parte da sua própria estrutura genética. No entanto, as experiências não conseguiram detetar a sobrevivência de ADN intacto nas fezes ou no sangue de animais alimentados com grandes quantidades de ADN. Além disso, após a digestão, o ADN decompõe-se em pequenos fragmentos que não são suficientes para formar genes completos e que, por conseguinte, não são expressos. No entanto, é necessário encontrar instituições para a avaliação toxicológica dos alimentos OGM.

ii) Genes de resistência aos antibióticos em alimentos OGM

Outra preocupação é a transmissão da resistência aos antibióticos dos alimentos geneticamente modificados consumidos pelos seres humanos para as bactérias que habitam o intestino humano, o que poderia levar à resistência aos antibióticos numa população de bactérias causadoras de doenças. No entanto, as experiências demonstraram que não é esse o caso. No entanto, é necessária mais investigação para determinar se e em que medida essa transferência de genes pode ocorrer. Os criadores de variedades transgénicas devem continuar a trabalhar para eliminar mais rapidamente todos esses marcadores das plantas geneticamente modificadas e utilizar marcadores alternativos para criar novas variedades. (iii) Segurança alimentar

Existem vários domínios interdependentes no que diz respeito à utilização de plantas geneticamente modificadas nos alimentos. Estas incluem a toxicidade, a alergenicidade, a cardiogenicidade, a intolerância alimentar e o valor nutricional. Enquanto os apoiantes desta tecnologia afirmam que os alimentos biotecnológicos são tão ou mais seguros do que os alimentos convencionais, uma vez que são submetidos a testes rigorosos, os críticos dos alimentos geneticamente modificados criaram mesmo um novo termo: Frunkstain Foods, para descrever os alimentos geneticamente modificados. Consideramos que uma avaliação cientificamente fundamentada dos riscos associados às culturas geneticamente modificadas é a única forma de responder às preocupações do público.

iv) Rotulagem de alimentos OGM e não OGM

Dada a escala da preocupação pública, pode ser absolutamente necessário manter uma separação entre produtos GM e não-GM através de uma rotulagem adequada, possivelmente utilizando códigos de cores para pessoas analfabetas. Um ponto relacionado é a necessidade de um organismo de certificação especializado em confirmar a natureza GM de um produto. Isto é necessário, não porque estes alimentos apresentem um risco para a saúde humana ou animal, mas porque permite aos consumidores decidir se querem ou não utilizar alimentos GM na sua dieta.

v) Questões ambientais

A maior parte das preocupações ambientais associadas à engenharia genética das plantas resulta da possibilidade de transferência de genes para parentes próximos das plantas transgénicas, criando super-ervas daninhas ou causando a contaminação genética de outras culturas. Um gene pode "escapar" através do pólen para explorações e campos vizinhos, para outra variedade não geneticamente modificada ou para uma erva daninha selvagem aparentada - não é apenas uma possibilidade, é uma realidade. No entanto, parece altamente improvável que esses genes "escapados" possam levar à transformação de uma erva daninha numa "super erva daninha". A probabilidade de esses genes aparecerem diminuiria a cada geração. Por outro lado, é possível que a erva daninha adquira resistência múltipla e maior competitividade. Só o cultivo a longo prazo de várias plantas OGM revelará se é efetivamente esse o caso.

vi) Impacto na biodiversidade

Alguns investigadores e ambientalistas receiam que a comercialização de culturas transgénicas em geral, e em particular as que utilizam tecnologias como a Terminator, conduza à erosão da biodiversidade e à "contaminação" dos conjuntos de genes de espécies vegetais ameaçadas. Embora seja verdade que muitas espécies vegetais ameaçadas estão ameaçadas pela perda de habitat e/ou pela hibridação com culturas da agricultura convencional, a escala da ameaça é considerada ainda maior quando as plantas transgénicas são comercializadas em grande escala. O impacto potencial dos transgenes na biodiversidade pode variar em função da aplicação específica e depende também do tipo de cultura, do tipo de ecossistema agrícola e da região geográfica em que a tecnologia é utilizada. Por conseguinte, a transferência potencial de um transgene para a flora local e o seu impacto potencial em espécies vegetais específicas é uma questão a considerar antes da libertação comercial de certos transgenes.

vii) Informação ao público

As reacções dos consumidores dependem da sua perceção dos riscos e benefícios dos alimentos GM. Para maximizar a confiança, os consumidores e as partes interessadas devem dispor de informações actualizadas e fiáveis sobre os alimentos GM. É possível que uma avaliação de segurança dos alimentos derivados de culturas GM revele certas consequências inevitáveis. Os meios de comunicação social, os indivíduos ou os grupos têm o direito de informar o público sobre essas possibilidades. Uma abordagem participativa é essencial para que os produtos biotecnológicos sejam aceites pelos agricultores e consumidores.

Conclusão

É essencial que os sectores público e privado formem parcerias que maximizem as vantagens comparativas de ambas as partes, a fim de alcançar o objetivo comum da segurança alimentar global. O governo deve garantir que as plantas transgénicas continuem a ser testadas e introduzidas de forma segura e eficaz, e criar programas regulamentares que reforcem a confiança do público. O público deve ser bem informado e envolvido num diálogo sobre o impacto da tecnologia no ambiente, na segurança alimentar, na sustentabilidade e na segurança alimentar. As questões de biossegurança devem ser tratadas como uma prioridade no que respeita à saúde humana. A autorização pública dos ensaios de campo e da cultura comercial de plantas transgénicas, bem como a aceitação pública dos alimentos transgénicos, podem atrasar os benefícios das tecnologias do ADN recombinante. Embora o sistema de três fases para os ensaios de campo e a libertação em larga escala de plantas geneticamente modificadas tenha sido adotado e esteja em vigor, os processos de tomada de decisão devem ser acelerados e as restrições devem ser alteradas com base na experiência de outros países e nos conhecimentos adquiridos nos últimos anos. Existe agora uma oportunidade para conceber e implementar sistemas regulamentares adequados que sejam responsáveis e transparentes. A nossa política em matéria de desenvolvimento de tecnologias transgénicas deve encorajar, e não inibir, o crescimento, o desenvolvimento e a comercialização desta importante tecnologia na agricultura. Temos de assegurar que a sociedade continue a beneficiar da importante contribuição do melhoramento vegetal, utilizando tanto ferramentas convencionais como biotecnológicas. Esta abordagem é talvez a forma mais eficiente, ecológica e sustentável de fazer evoluir a agricultura e garantir uma maior produtividade dos nossos alimentos de base.

Quadro 1: Principais actividades de desenvolvimento de plantas transgénicas na Índia

Crops/ plants	Transgene inserted	Source of transgene	Targeted traits
Rice	1. *Cry1A (b)& Cry1A (c)* 2. *Xa-21,cry1A(b)* 3. Pyruvate decarboxylase & alcohol dehydrogenase 4. *Cod A* 5. Chitinase, glucanase and osmotin gene 6. *HVA1*	Bacteria Bacteria Plant *A.globiformis* Plant/virus Barley Plant	Generate plants resistant to yellow stem borer Generate plants resistant to lepidopteron pests Generate plants tolerant to flooding Tolerance against salt stress Resistance against sheath blight & fungal infection Improvement in drought & salinity tolerance.
Mustard/ Rapeseed	1. Bar, Barnase and Barstar 2. *Osmotin* 3. *CodA* 4. Annexin gene 7. Chitinase, glucanase and RIP gene 8. Chickpea lectin gene	Plant Tobacco *A. globiformis* Arabidopsis Fungi/bacteria/ plant Plant	Generate herbicide tolerant plants, male sterile & restorer lines for hybrid seed production. Enhanced drought & salt tolerance. Tolerance against salt & water stress. Generate stress tolerant plants Generate plants resistant to Alternaria blight disease. Resistance against aphids
Tomato	1. *Cry1Ab, Cry1Ac* 2. ACC synthase gene 3. OXDC 4. Chitinase & glucanase 5. Rep antisense	Bacteria Tomato Virus/plants Fungi/plant Plant	Generate plants resistant to tomato fruit borer. Delayed ripening. Generate plants resistant to wilt disease. Generate plants resistant to fungal diseases. Develop resistance to leaf curl virus
Cotton	1. Cry1Aa genes	Bacteria	Generate plants resistant to cotton boll worm.

	2. Cry1E & Cry1C	Bacteria	Generate resistance to *Spodoptera litura* and *Heliothis armigera*.
Chickpea	1. Bean α amylase inhibitor 2. Lectin	Plant Plant	Generate plants resistant to bruchids. Aphid resistance
Black gram	1. Coat protein & replicase genes	Virus	Develop virus resistant plants
Pigeon- pea	1. Protease inhibitor genes 2. *Cry1 Aa3*	Cowpea Bacteria	Generate plants resistant to pod borer. Generate plants resistant to pod borer.
Wheat	1. *HVA1* 2. *PIN2, Bar* 3. *tAPx & TaCBF2* gene 4. DREB 1a	Barley Plant Wheat Plant	Improved biomass under water deficit Resistance against biotic & abiotic stress Drought tolerance Drought tolerance
Tobbacco	1. *Cry1Ab and Cry1c* gene 2. Chitinase, glucanase and RIP genes	Bacteria Fungi/plant	Generate plants resistant to insects-pests Generate resistance against brown eye leaf spot and Black shank disease
Potato	1. Osmotin gene 2. *Cry1Ab* 3. *Ama-1*	Tobacco Bacteria Virus/plant	Enhanced tolerance to drought & salt stress Resistance against potato tuber moth Develop nutritionally enriched plants
Brinjal	1. *Cry1 Ab* 2. Chitinase, glucanase and thaumatin encoding genes	Bacteria Fungi/bacteria/ Plant	Resistance against fruit & shoot borer Generate plants resistant to diseases
Cabbage & Cauliflower	1. *Cry1Ab*	Bacteria	Generate plants resistant to *Plutella sylestella*
Castor	1. *Cry1Ac* 2. Antisense ricin gene	Bacteria Plant	Develop resistance against semilooper Reduction of ricin & RCA endosperm in castor.

Quadro 2: Situação dos ensaios de campo de plantas biotecnológicas na Índia, 2008
(Fonte: Sistema indiano de informação sobre investigação de OGM (IGMORIS), 2008 e
Departamento de Biotecnologia, 2008)

S.No.	Crop	Organization	Transgene/Event
1.	Brinjal	IARI, New Delhi	*Cry1Aabc*
		Surngrow Seeds, New Delhi	*cry1Ac*
		Mahyco, Jalna	*cry1Ac*
		TNAU, Coimbatore	*cry1Ac*
		UAS, Dharwad	*cry1Ac*
		Bejo Sheetal, Jalna	*cryFa1*
2.	Cabbage	Nunhems, Gurgaon	*cry1Ba* and *cry1Ca*
		Sungro Seeds, New Delhi	*cry1Ac*
3.	Castor	Directorate of Oilseeds Research (DOR). Hyderabad	*cry1Aa* and *cry1Ec*
4.	Cauliflower	Sungrow Seeds, New Delhi	*cry1Ac*
		Nunhems, Gurgaon	*cry1Ac*, *cry1Ba* and *cry1Ca*
5	Corn	Monsanto, Mumbai	Mon 89034, NK603
6.	Groundnut	ICRISAT, Hyderabad	Rice cit and DREB
7.	Okra	Mahyco, Mumbai	*cry1Ac*
		Sungrow, Seeds, Delhi	*cry1Ac*
		Bejo Sheetal, Jalna	*cry1Ac*
		Arya Seeds, Gurgaon	CP-AV1
8.	Potato	CPRI, Shimla	RB
		NCPGR, Delhi	Ama1
9.	Rice	IARI, New Delhi	*Cry1Aabc, DREB, GR-1 & GR-2*
		TNAU, Coimbatore	*Chill*
		MSSRF, Chennai	*MnSOD*
		DRR, Hyderabad	*Cry1Ac*
		Mahyco, Mumbai	*Cry1Ac, cry2Ab*
		Bayer Crop Science, Hyderabad	*Cry1Ac, cry1Ab, bar*
		Avesthagen	*NAD9*
10.	Tomato	IARI, New Delhi	Antisense replicase, osmotin
		Mahyco, Mumbai	*Cry1Ac*
		Avesthagen	*NAD9*

CAPÍTULO - 3

Introdução aos marcadores genéticos

A análise da diversidade genética e do parentesco entre ou dentro de diferentes populações, espécies e indivíduos é de importância vital para muitas disciplinas biológicas, incluindo a agricultura. Para o efeito, são utilizados numerosos marcadores e abordagens analíticas. Este facto conduziu a uma vasta investigação em várias disciplinas, como a filogenia, a taxonomia, a ecologia, a genética, o melhoramento vegetal, etc.

Os marcadores genéticos representam as diferenças genéticas entre diferentes organismos ou espécies. Regra geral, não representam o gene alvo, mas servem de "sinalizadores". Os marcadores genéticos que se encontram na proximidade imediata dos genes podem ser designados por "etiquetas" genéticas. Estes marcadores não têm qualquer influência sobre o fenótipo da caraterística em causa. Os marcadores estão localizados numa posição genómica específica nos cromossomas, designada por "locus" ou "loci". Para ser útil, um marcador deve ser polimórfico. Existem três tipos de marcadores genéticos: os marcadores morfológicos (visíveis), os marcadores bioquímicos e os marcadores de ADN (ou moleculares). Marcadores **morfológicos**

Regra geral, os marcadores morfológicos correspondem a caraterísticas qualitativas que podem ser avaliadas visualmente, como a cor da flor, a forma da semente, as caraterísticas de crescimento ou a pigmentação, etc. São geralmente dominantes ou recessivos e não têm sido amplamente utilizados devido a várias limitações: i. têm efeitos tão fortes no fenótipo que são indesejáveis nos programas de melhoramento; ii. não são amplamente utilizados nos programas de melhoramento. São geralmente dominantes ou recessivos e não têm sido amplamente utilizados devido a várias limitações: i. têm efeitos tão fortes no fenótipo que são indesejáveis em programas de melhoramento genético; ii. não são suficientemente eficazes. Mascaram os efeitos de genes ligados mais pequenos, tornando quase impossível identificar as ligações desejadas para seleção; iii. São fortemente influenciados pelo ambiente, etc. **Marcadores bioquímicos**

Trata-se principalmente de marcadores proteicos e de alozimas (isozimas). Para obter marcadores proteicos, as proteínas são separadas por eletroforese e depois coradas. Por vezes, as proteínas específicas são detectadas utilizando anticorpos monoclonais com uma marca fluorescente.

As aloenzimas são isoenzimas codificadas por genes ortólogos, mas que diferem devido a diferenças alélicas num ou mais aminoácidos. Para analisar as aloenzimas, prepara-se um extrato de tecido e efectua-se uma eletroforese num gel não desnaturante de amido ou poliacrilamida. As proteínas deste extrato são separadas com base na sua carga líquida e no seu tamanho. A posição de uma determinada enzima no gel é determinada pela adição de um substrato incolor que é convertido num corante em condições de reação adequadas. São visualizadas uma ou mais bandas, consoante o número de loci, a sua homozigotia ou heterozigotia e a configuração da enzima. A posição destas bandas pode ser polimórfica e, por conseguinte, reveladora.

Benefícios

As principais vantagens dos marcadores alozímicos são a sua hereditariedade codominante, a sua simplicidade técnica e o baixo custo da análise.

Desvantagens

O número de alozoilócitos adequados no genoma é limitado e, por vezes, estes apresentam uma variação limitada. No entanto, tem sido utilizado com sucesso em muitos organismos e plantas.

Marcadores moleculares

Um marcador molecular é uma sequência de ADN que pode ser facilmente detectada e cuja transmissão é fácil de monitorizar. Detecta um polimorfismo no ADN.

As principais caraterísticas dos marcadores moleculares são as seguintes:

- Deve ser polimórfico

> Património codominante
> Distribuição uniforme no genoma
> Acesso fácil e análise rápida
> Elevada reprodutibilidade
> Custos reduzidos, etc.

Com base no princípio utilizado para detetar o polimorfismo, os marcadores moleculares podem ser classificados nos seguintes grupos:

a. Hibridação (não PCR), por exemplo, RFLP
b. Baseados em PCR, por exemplo, RAPD, DAF, SSR, AFLP, etc.
c. Com base na sequência de ADN, por exemplo, STS, SCAR, CAPS, SNP, etc.

Polimorfismo de comprimento de fragmentos de restrição (RFLP)

Com este marcador, o ADN da amostra é digerido por uma ou mais enzimas de restrição, que cortam o ADN em pontos específicos. Os produtos são então submetidos a eletroforese, depositados numa membrana e sondados com o clone marcado. O polimorfismo observado é atribuído a diferenças de sequência entre indivíduos (Bostein et al., 1980).

Passos básicos :

a. Extração de ADN
b. Cortar o ADN em fragmentos mais pequenos utilizando enzimas de restrição
c. Separação de fragmentos de ADN por eletroforese
d. Transferência de fragmentos de ADN para um filtro de membrana de nitrocelulose
e. Visualização de fragmentos específicos de ADN utilizando uma sonda marcada
f. Análise dos resultados

Benefícios

> É um marcador codominante e pode, por conseguinte, distinguir os homozigotos dos heterozigotos.
> Altamente polimórfico
> Elevada reprodutibilidade e fiabilidade

Desvantagens

- Isto requer quantidades relativamente grandes de ADN de elevada pureza
- Trabalho intensivo e dispendioso
- Não pode ser automatizado
- Utiliza um elemento radioativo e requer experiência em autoradiografia. Aplicações

É frequentemente utilizado para impressões digitais de ADN, cartografia genética e análise de QTL.

ADN polimórfico amplificado aleatoriamente (RAPD)

O método PCR é utilizado para detetar o polimorfismo. Para a amplificação do ADN, é utilizado um único iniciador de 10 nucleótidos com um teor de GC de, pelo menos, 50%. Os produtos da PCR são separados num gel de agarose e detectados por coloração com brometo de etídio (EB) (Williams et al., 1990).

O ADN genómico de duas pessoas diferentes apresenta frequentemente um padrão de amplificação diferente. Um fragmento específico que provém de uma pessoa mas não de outra constitui um polimorfismo do ADN. Este polimorfismo é detectado em todo o genoma quando um iniciador aleatório é ligado a diferentes regiões do ADN. A presença de uma banda RAPD corresponde a um alelo dominante, enquanto a sua ausência indica um alelo recessivo. Os marcadores RAPD são, por conseguinte, incapazes de distinguir indivíduos heterozigóticos dominantes de indivíduos homozigóticos dominantes.

Benefícios

- É necessária apenas uma quantidade muito pequena de ADN,
- Não necessita de análise radioactiva
- Rastreio simples, rápido e eficaz de polimorfismos em vários loci
- Não é necessária qualquer informação prévia sobre a sequência para conceber o primer.
- Marcadores dominantes
- Insuficientemente reprodutível
- sensibilidade às condições de PCR, etc.

Polimorfismo de comprimento de fragmento amplificado (AFLP)

Este marcador é uma amplificação por PCR de fragmentos de restrição genómica formados por enzimas de restrição específicas e adaptadores de oligonucleótidos com múltiplas bases nucleotídicas (Vos et al. 1995). Trata-se de um método de impressão digital de ADN muito útil e cada vez mais popular. Envolve essencialmente as seguintes etapas:

- O ADN é cortado por enzimas de restrição (geralmente duas enzimas, uma rara e outra frequente) e são adicionados adaptadores de oligonucleótidos de cadeia dupla (ds) às extremidades dos fragmentos de ADN.
- A amplificação selectiva de fragmentos de restrição é geralmente efectuada utilizando iniciadores marcados com 32P, que são desenvolvidos de acordo com a sequência do adaptador mais 1 a 3 nucleótidos adicionais.
- Análise em gel dos fragmentos amplificados. Os fragmentos amplificados são separados em géis de sequenciação de alta resolução e visualizados por autoradiografia. Podem ser utilizados métodos de fluorescência ou de coloração com prata para os visualizar.

Este método gera um grande número de bandas de fragmentos de restrição, o que facilita a deteção de polimorfismos. Ao selecionar , é possível controlar o número de fragmentos de ADN amplificados devido a diferenças no número de bases e na composição nucleotídica dos adaptadores.

Benefícios

- Extremamente sensível
- Elevada reprodutibilidade e capacidade de reconhecimento da diversidade
- Não é necessário ter informações sobre a sequência anterior.
- Utilizado tanto para a recolha de impressões digitais como para o mapeamento

Desvantagens

- Muito caro e requer mais ADN

> Tecnicamente mais exigente do que o RAPD.

Repetições de sequência simples (microssatélites) (SSR)

Os SSRs ou microssatélites são repetições em tandem de mono, di, tri, tetra e penta-nucleótidos com motivos repetidos de diferentes comprimentos. Encontram-se amplamente distribuídos nos genomas de plantas e animais e apresentam um elevado grau de variabilidade genética em termos do número de unidades de repetição em tandem num locus. O polimorfismo de comprimento SSR em loci individuais é detectado por PCR utilizando iniciadores específicos da região flanqueadora do locus em que a sequência é conhecida, pelo que são necessárias informações precisas sobre a sequência de ADN para desenvolver iniciadores para este marcador. Os produtos da PCR (amplicões) são separados em géis de agarose ou de poliacrilamida. Os géis são corados com EB e observados sob luz ultravioleta. A variação do comprimento do produto de PCR depende do número de unidades SSR.

Benefícios

> Esta técnica é simples e fácil de utilizar
> O teste baseia-se na PCR e pode, por conseguinte, ser automatizado.
> Tipo de herança codominante
> Elevado polimorfismo e reprodutibilidade
> Adequado para mapeamento e clonagem com base em mapas.

Desvantagens

> Para criar primers, são necessárias informações sobre a sequência de ADN.
> O custo da síntese de oligonucleótidos é elevado.

Região amplificada caracterizada por uma sequência (SCAR)

Os marcadores SCAR são fragmentos de ADN genómico localizados num único locus geneticamente definido e identificados por amplificação por PCR utilizando um par de iniciadores de oligonucleótidos específicos ( ). Williams et al (1991) converteram os marcadores RFLP em SCARs sequenciando ambas as extremidades dos clones de ADN genómico e desenvolvendo iniciadores de oligonucleótidos com base nas sequências finais. Estes iniciadores foram utilizados diretamente no ADN genómico numa reação de PCR para amplificar a região polimórfica. Se não for detectado polimorfismo ao longo do comprimento do fragmento amplificado, os fragmentos de PCR podem ser submetidos a digestão de restrição para detetar RFLPs no fragmento amplificado. Os RAPD são herdados de forma codominante. Os marcadores RAPD também podem ser convertidos em SCARs. Para o efeito, os produtos da PCR são clonados e sequenciados. A sequência do iniciador obtida no final do traço é identificada como o marcador RAPD. Vantagens

- Património codominante
- Amplificação monolocus
- é mais informativo do que o RAPD
- Estabilidade e reprodutibilidade
- não são utilizados elementos radioactivos, o que significa que pode ser utilizado em programas comerciais de reprodução

Sequência polimórfica amplificada purificada (CAPS)

Neste método, os fragmentos de ADN amplificados por PCR são digeridos com uma enzima de restrição para detetar o polimorfismo do local de restrição. Os fragmentos de restrição digeridos são submetidos a uma eletroforese em gel de agarose, seguida de coloração com EB para visualizar as bandas.

Benefícios

- Os marcadores CAPS podem ser rapidamente detectados por eletroforese em gel de agarose normal.
- CAPS - caraterística codominante
- É necessária uma pequena quantidade de ADN

Polimorfismos de nucleótido único (SNP)

As diferenças que ocorrem numa única posição de nucleótido são designadas por polimorfismos de nucleótido único ou SNP (Single Nucleotide Polymorphisms). Este tipo de polimorfismo resulta de uma substituição, uma deleção ou uma inserção. Este tipo de polimorfismo é geralmente bi-alélico e é o mais comum nos genomas de todos os organismos. Vantagens

> útil para o mapeamento genético
> útil para a clonagem posicional de um locus mutante
> Útil para a deteção de mutações a nível molecular.

Desvantagens

> A maioria dos SNP são bialélicos e, por conseguinte, menos informativos do que os SSR
> A multiplexagem não é possível para todos os loci
> A análise SNP é dispendiosa

Conclusão

Os marcadores de ADN são atualmente o tipo de marcador mais utilizado, principalmente devido à sua frequência. Resultam de diferentes classes de mutações do ADN, tais como mutações de substituição (mutações pontuais), rearranjos (inserções ou deleções) ou erros na replicação do ADN repetido em tandem. Estes marcadores são seletivamente neutros, uma vez que se encontram geralmente em regiões não codificantes do ADN. Ao contrário dos marcadores morfológicos e bioquímicos, o número de marcadores de ADN é praticamente ilimitado e independente de factores ambientais e/ou do estádio de desenvolvimento da planta. Para além de serem utilizados na cartografia de ligação, os marcadores de ADN são amplamente utilizados no melhoramento vegetal para determinar o grau de diversidade genética no germoplasma, a identidade varietal, a impressão digital do ADN, etc. medida que as sequências genómicas de um número crescente de organismos se tornam disponíveis, os marcadores baseados na sequência de ADN, em especial os SNP, estão a tornar-se mais populares do que outros. No entanto, como a utilização de marcadores moleculares é uma operação dispendiosa, há que ter cuidado na sua utilização e só devem ser utilizados quando absolutamente necessários. **Leitura recomendada**

Bostein D, White RL, Skolnik M, Davis RW. 1980 Construction of a human genetic linkage map using restriction fragment length polymorphisms. Am. J. Human Genet. 32 : 314-331

Chawla HS. Marcadores moleculares e seleção assistida por marcadores. In: Introduction to plant biotechnology. Oxford &

IBH publication, New Delhi. S. 329-358

Collard BCY, Jahufer MZZ, Brouwer JB, Pang ECK. 2005. Introdução aos marcadores, mapeamento de loci de caraterísticas quantitativas (WTL) e seleção assistida por marcadores para o melhoramento de culturas: conceitos básicos. Euphytica 142 : 169-196.

Vos P, Hogers R, Bleeker M, Reijans M, van de Lee T, Hornes M, Fritjers A, Pot J, Peleman J, Kuiper M, Zabeau M. 1995. AFLP: um novo método de impressão digital do ADN. Nucl. Acids Res. 23 : 4407-4414

Williams JGK, Kubelik AR, Livak KJ, Rafalski JA, Tingery SV. 1990. DNA polymorphisms amplified by arbitrary primers are useful as genetic markers. Nucl. Acids Res. 18: 6531-6535

Williams MNV, Pande N, Nair S, Mohan M, Bennet J. 1991. Restriction fragment length polymorphism analysis of polymerase chain reaction products amplified from mapped loci of rice genomic DNA. Theor Appl Genet. 81 : 1-5

CAPÍTULO - 4

Estabelecimento e caraterização de populações para fins de cartografia

O desenvolvimento da tecnologia dos marcadores moleculares despertou um novo interesse pela cartografia genética. Uma população adequada para cartografia, um sistema de marcadores adequado e software para análise de dados são as condições essenciais para um programa de cartografia e seleção molecular. A produção de mapas genéticos exige que os investigadores: (i) seleccionem a população ou populações mais adequadas para o mapeamento; (ii) calculem a frequência de recombinações entre pares nessas populações; (iii) criem grupos de ligação e estimem as distâncias entre mapas; e (iv) determinem a ordem dos mapas.

Uma vez que as grandes populações cartografadas são frequentemente caracterizadas por diferentes sistemas de marcadores, a criação de mapas foi efectuada por computador. Foram desenvolvidos pacotes de software como o Linkage1 (Suiter et al., 1983), GMendel (Echt et al., 1992), Mapmaker (Lander e Botstein, 1986; Lander et al., 1987), Mapmanager (Manly e Eliot, 1991) e Joinmap (Stam, 1993) para ajudar na análise de dados genéticos para a criação de mapas. Estes programas utilizam dados obtidos de populações segregantes para estimar a frequência de recombinação, que é depois utilizada para determinar a disposição linear dos marcadores genéticos.

Cartografia da população

A população utilizada para o mapeamento genético é geralmente designada por população de mapeamento. As populações de mapeamento são geralmente obtidas a partir de cruzamentos controlados. As decisões relativas à escolha dos progenitores e ao esquema de acasalamento para criar uma população de mapeamento, bem como o tipo de marcadores utilizados, dependem dos objectivos da experiência, da disponibilidade de marcadores e do mapa molecular. Os progenitores das populações de mapeamento devem apresentar variabilidade suficiente nos caracteres de interesse, tanto a nível da sequência de ADN como do fenótipo. A variabilidade ao nível do ADN é necessária para seguir os eventos de recombinação. Quanto maior for a variabilidade da sequência de ADN, mais fácil será encontrar produtores polimórficos e informativos. Se o objetivo é encontrar genes que controlam uma determinada caraterística, a variação genética da caraterística entre progenitores é importante. Se os progenitores diferirem fortemente a nível fenotípico relativamente a uma caraterística, é provável que exista uma variação genética entre eles, embora as influências ambientais não controladas possam levar a uma grande variação fenotípica sem uma base genética para essas influências. No entanto, a ausência de variação fenotípica entre progenitores não significa que não exista variação genética, uma vez que diferentes conjuntos de genes podem produzir o mesmo fenótipo.

Seleção de pais para criar uma população para mapeamento

A seleção dos progenitores para uma população de mapeamento é crucial para o êxito da criação de um mapa. Uma vez que a importância económica do mapa depende da associação do marcador com o traço, o maior número possível de traços morfológicos herdados qualitativamente deve ser incluído no grupo genético escolhido como progenitores para a população de mapeamento. Deve ser tida em conta a origem dos progenitores (adaptados ou exóticos) utilizados para criar a população de mapeamento. No caso de cruzamentos largos, o emparelhamento cromossómico e os processos de recombinação podem ser fortemente afectados (suprimidos) e os rendimentos são geralmente consideravelmente reduzidos (Albine e Jones, 1987; Zamir e Tadmar, 1986). Os cruzamentos largos conduzem geralmente a populações segregantes com um número relativamente grande de polimorfismos, em comparação com a descendência que se separa num cruzamento estreito (adaptado x adaptado). Para ser relevante para um programa de melhoramento de plantas, o mapa resultante de um cruzamento amplo deve ser colinear (isto é, a ordem dos loci deve ser a mesma) com o mapa criado com progenitores adaptados.

Tipos de populações cartografadas

Os diferentes tipos de populações normalmente utilizados para o mapeamento de ligação incluem: i) populações F2, ii) populações F3 derivadas de F2 (F2 :F3); iii) linhas consanguíneas retrocruzadas (BIL); iv) haploides duplos (DH); v) linhas consanguíneas recombinantes (RIL); vi) linhas quase isogénicas (NIL) e vii) linhas de substituição de segmentos cromossómicos (CSSL). As caraterísticas, vantagens e desvantagens de cada uma destas populações são resumidas a seguir:

População F2

- Obtida por autofecundação ou por acasalamento entre irmãos e irmãs de indivíduos Fi resultantes de cruzamentos entre progenitores selecionados.
- Os indivíduos F2 são os produtos de um único ciclo meiótico
- O rácio esperado para o marcador dominante é de 3:1 e para o marcador codominante é de 1:2:1.

Prémios

- Melhor população para cartografia provisória
- Menos tempo de desenvolvimento necessário
- Ser desenvolvido com um mínimo de esforço em comparação com outras populações

Deméritos

- A associação criada a partir da população F2 é baseada num único ciclo de meiose
- As populações F2 são de pouca utilidade para um mapeamento exato
- Os caracteres quantitativos não podem ser mapeados com exatidão com a população F2, uma vez que cada indivíduo é geneticamente diferente e não pode ser avaliado em ensaios repetidos em locais diferentes e em anos diferentes. Consequentemente, o efeito da interação G x E na expressão de caraterísticas quantitativas não pode ser avaliado com precisão.
- Esta não é uma população de longo prazo; não é possível criar uma réplica exacta ou aumentar o número de sementes.

População F2, derivada de F3 (F2:3)

F2:3 populações foram obtidas por autopolinização de indivíduos F2 numa geração.

Prémios

> Adequado para situações especiais, tais como
> Cartografia das caraterísticas quantitativas
> Mapeamento de genes recessivos
> A família F2:3 pode eventualmente ser utilizada para reconstruir o genótipo das plantas F2 correspondentes, combinando o ADN das plantas da família.

Demerritus

> Tal como a população F2, não é "imortal".

Retrocruzamento de populações

As populações retrocruzadas são criadas através do cruzamento de uma F1 com um dos seus progenitores. Como regra geral, as análises genéticas utilizam um retrocruzamento com um progenitor recessivo (cruzamento teste). No que diz respeito aos marcadores moleculares, um retrocruzamento com um progenitor dominante (B1) segrega numa proporção de 1:0 ou 1:1 para marcadores dominantes e codominantes. No entanto, os retrocruzamentos com um progenitor recessivo (B2) ou os cruzamentos de teste segregam numa proporção de 1:1, qualquer que seja o tipo de marcador. Tal como as populações F2, as populações retrocruzadas necessitam de menos tempo para se desenvolverem, mas não são "imortais". No entanto, no caso dos retrocruzamentos, a informação sobre a recombinação baseia-se num único progenitor (F1). Uma vantagem particular das populações retrocruzadas é que podem ser utilizadas para a seleção assistida por marcadores.

Haploides duplos (DH)

A duplicação cromossómica em culturas de anteras obtidas a partir de plantas Fi haplóides conduz à DH. A adequação da descendência duplamente haploide para o projeto de mapeamento foi demonstrada por Lefebvre et al. (1995) em pimenta. Os DH são também produtos de um único ciclo meiótico e são, portanto, comparáveis aos F2 em termos de informação de recombinação.

O rácio esperado para um marcador é i:i, qualquer que seja a natureza genética do marcador (dominante ou codominante).

Prémios

- A DH é uma população de mapeamento permanente e pode, por conseguinte, ser reproduzida e avaliada em diferentes locais durante muitos anos, sem quaisquer alterações genotípicas.
- Útil para o levantamento de caraterísticas qualitativas e quantitativas.

- Geração instantânea de linhas homozigóticas, poupando tempo.

Deméritos

- A recombinação só é tida em conta no lado masculino.
- Como se trata de *métodos in vitro*, o mapeamento requer níveis relativamente elevados de conhecimentos técnicos em comparação com o desenvolvimento de outras populações.
- Muitas vezes não existem métodos adequados de cultura/produção de haplóides para um certo número de variedades, e as diferentes variedades respondem de forma muito diferente à cultura de tecidos. Além disso, deve ser tida em conta a variabilidade induzida pela cultura de anteras.

Linhas puras recombinantes (RILs)

As RILs são produzidas por autopolinização contínua ou por acasalamento entre irmãos da descendência de membros individuais da população F2, até se atingir uma homozigotia completa. O método mais adequado para produzir RILs é o método de duplicação de semente única (SSD). A propagação em massa e a propagação não selectiva também podem ser utilizadas. As RILs também equilibram os tipos de marcadores, como DH, a razão de segregação genética para marcadores dominantes e codominantes será de 1:1. As RILs cultivadas por acasalamento de irmãos requerem mais tempo do que as cultivadas por autopolinização. O número de linhas puras necessárias é o dobro quando cultivadas por acasalamento de irmãos em comparação com a autopolinização, especialmente se a união não for muito próxima.

Prémios

- Uma vez atingida a homozigotia, as RIL podem ser multiplicadas indefinidamente sem segregação adicional.

> Como as RILs são populações imortais, podem ser reproduzidas em diferentes locais e durante muitos anos, o que as torna extremamente valiosas para o mapeamento de QTLs.
> As RIL obtidas após vários ciclos de meiose são muito úteis para identificar marcadores estreitamente relacionados. As populações de RIL obtidas por autopolinização apresentam o dobro do número de recombinações observadas entre marcadores muito próximos do que as populações resultantes de um único ciclo de meiose.

Deméritos

> São necessárias várias estações/gerações para se desenvolver
> O estabelecimento de RIL é relativamente difícil para plantas com uma elevada depressão endogâmica.

População F2 imortalizada

As populações F2 imortalizadas podem ser obtidas através do cruzamento de pares aleatoriamente selecionados de ILRs derivados do cruzamento em todas as combinações possíveis, com exceção das combinações recíprocas. O conjunto de ILRs utilizado para o cruzamento e as populações F1 resultantes representam todas as combinações possíveis de genótipos (incluindo heterozigóticos) esperadas na população F2 resultante do cruzamento do qual os ILRs são derivados. Os RIL podem ser obtidos por autopolinização e produzir o número desejado de sementes F1 por hibridação a fresco. Esta população permite, portanto, mapear QTLs de heterose e efeitos de interação com base em dados de vários locais.

Linhas quase isogénicas (NILs)

Os NILs são produzidos por autopolinização repetida ou por retrocruzamento de plantas F1 com progenitores recorrentes. Os NILs gerados por retrocruzamento assemelham-se aos progenitores recorrentes, exceto para o gene de interesse, enquanto os NILs gerados por autopolinização são semelhantes aos pares, exceto para o gene de interesse (mas diferem fortemente dos progenitores recorrentes). Espera-se que o rácio de segregação dos marcadores seja de 1:1, independentemente do tipo de marcador Vantagens

> Tal como as DH e as RIL, as NIL são uma "população imortal para mapeamento".
> uma população adequada para marcar a caraterística, se tal população existir
> Os NIL são extremamente úteis para a genómica funcional

Deméritos

> São necessárias várias gerações para desenvolver
> Diretamente útil apenas para a marcação molecular do gene correspondente, mas não para o mapeamento do acoplamento
> A estanquicidade das ligações é um problema potencial que deve ser tido em conta aquando da construção de NIL.

Linhas de substituição de segmentos cromossómicos (CSSL)

As CSSL são linhas de plantas que têm segmentos cromossómicos do progenitor dador sobre um fundo de cromossomas parentais recorrentes. Estas linhas são obtidas por retrocruzamento repetido com o progenitor recorrente em combinação com MAS sistemática. As linhas de retrocruzamento contêm segmentos dos cromossomas do dador numa sobreposição sequencial desde a extremidade superior do cromossoma 1 até à extremidade inferior do último cromossoma. Estas linhas podem ser consideradas como uma biblioteca genómica com uma grande inserção genómica. A caraterização fenotípica de cada linha permite-nos determinar qual o fragmento do cromossoma dador que está associado à caraterística de interesse. As CSSLs podem ser utilizadas para identificar QTLs e, em particular, QTLs com pequenos efeitos aditivos que são mascarados por QTLs com grandes efeitos em populações como F2s e RILs. A identificação de QTLs com CSSLs não requer mapas de ligação ou análises estatísticas. Além disso, cada linha CSS pode ser usada diretamente como material de plantação para mapeamento e clonagem de genes QTL, bem como uma linha-mãe para seleção. Uma vez estabelecidas, estas linhas podem ser facilmente reproduzidas por autopolinização e estão repetidamente disponíveis para a avaliação de qualquer caraterística. A principal desvantagem das CSSL é que podem apresentar caraterísticas indesejáveis ligadas ao(s) gene(s) alvo devido ao grande segmento cromossómico introgressado.

Análise dos segmentos de produtos a granel

Para além das populações acima referidas, a análise de segregantes em massa (BSA) é frequentemente utilizada para a marcação genética, utilizando cada uma das populações acima referidas (exceto os NIL). A BSA baseia-se no princípio das linhas isogénicas. A BSA implica o cruzamento de dois progenitores (por exemplo, um progenitor resistente e um progenitor suscetível) que apresentem um elevado grau de polimorfismo molecular e contraste para a caraterística-alvo, e a autopolinização da F1 para criar uma população F2. Na população F2, as plantas individuais são fenotipadas para resistência e suscetibilidade. Normalmente, o ADN isolado de 10 plantas de cada grupo é reunido para formar os grupos resistentes e susceptíveis. O polimorfismo dos progenitores resistentes, dos progenitores susceptíveis e das massas resistentes e susceptíveis é analisado utilizando marcadores polimórficos. O marcador que apresenta o maior polimorfismo entre os progenitores e a massa principal é considerado presumivelmente associado à caraterística-alvo e é então utilizado para o mapeamento com plantas F2 individuais. A estrutura genética dos dois grupos é semelhante, com exceção da região genómica associada à caraterística-alvo. Por conseguinte, em princípio, funcionam como linhas isogénicas.

Em ensaios, verificou-se que a probabilidade de um marcador polimórfico (entre os progenitores e a população de base) não estar associado à caraterística-alvo é extremamente baixa (10^{-19}) quando são selecionadas 10 plantas por grupo para formar a população de base. Por conseguinte, são geralmente utilizadas 10 plantas para formar a massa principal. No entanto, este número pode variar consoante o tipo de população utilizada para o mapeamento. Na ausência de linhas isogénicas, a abordagem BSA é uma alternativa muito útil para a caraterização genética (Michelmore et al., 1991).

Combinação de marcadores e populações

O coeficiente de segregação genética no locus do marcador é parcialmente determinado pelo tipo de marcador (dominante/codominante) e pelo tipo de populações mapeadas (Quadro 1). Consequentemente, um conhecimento profundo da natureza dos marcadores e das populações de mapeamento é essencial para qualquer projeto de mapeamento. Marcadores como RFLPs, microssatélites e CAPS, etc., são de natureza codominante, enquanto AFLPs, RAPDs e ISSRs são frequentemente avaliados como marcadores dominantes. As populações de mapeamento, tais como RILs e DHs, igualam o tipo de marcador devido à fixação dos alelos parentais no locus do marcador no estado homozigótico. Nestas populações, o rácio de segregação no locus do marcador é de 1:1, independentemente da natureza genética dos marcadores, enquanto na população F2, a segregação é de 1:2:1 para o marcador codominante e de 3:1 para o marcador dominante.

marcadores. Dependendo do padrão de segregação, a análise estatística dos dados dos marcadores pode ser diferente.

Quadro 1: Coeficiente de segregação genética por locus de marcadores para diferentes marcadores

Combinações de populações.

Marker	Nature	Genetic Segregation Ratio					
		F_2	RILs	DHs	NILs	Backcross Population	
						B_1	B_2
RFLP	Co-dominant	1:2:1	1:1	1:1	1:1	1:1	1:1
RAPD	Dominant	3:1	1:1	1:1	1:1	1:0	1:1
AFLP	Dominant	3:1	1:1	1:1	1:1	1:0	1:1
Microsatellites	Co-dominant	1:2:1	1:1	1:1	1:1	1:1	1:1

Caracterização das populações cartografadas

A caraterização molecular e fenotípica exacta de uma população para cartografia é essencial para o êxito de qualquer projeto de cartografia. Uma vez que o genótipo molecular de cada indivíduo é independente do ambiente, não é influenciado pela interação G x E. No entanto, o fenótipo de um traço pode ser influenciado pelo ambiente, particularmente no caso de traços quantitativos. Por conseguinte, é importante estimar com precisão o significado de uma caraterística, avaliando os genótipos em testes multilocais ao longo de vários anos com populações de mapeamento imortal, a fim de obter uma associação fiável marcador-caraterística. **Distorção da segregação de marcadores durante o mapeamento acoplado**

Um desvio significativo da taxa de segregação esperada para uma determinada combinação marcador-população é chamado de viés de segregação. Existem várias causas para o enviesamento da segregação, incluindo : letalidade do gâmeta/zigoto, propulsão meiótica/segregação preferencial, amostragem/seleção durante o desenvolvimento da população e a resposta diferente das linhas parentais à cultura de tecidos no caso da DG. Os enviesamentos de segregação podem também ser específicos de determinados marcadores numa população normalmente mapeada. Por conseguinte, é importante verificar a "exatidão" do coeficiente de segregação para cada locus de marcador e, se necessário, excluir da análise um marcador que apresente um elevado nível de enviesamento de segregação.

Seleção das populações a cartografar

Daqui decorre que as populações de mapeamento a curto prazo, como as F2, os retrocruzamentos e as linhas isogénicas concetualmente estreitas criadas pela abordagem BSA, podem ser um bom ponto de partida para o mapeamento molecular, enquanto as populações de mapeamento a longo prazo, como as RIL, NIL, CSSL e DH, devem ser desenvolvidas e adequadamente caracterizadas quanto a caraterísticas importantes para os projectos globais de mapeamento. A criação e a caraterização fenotípica das populações de mapeamento devem fazer parte integrante dos programas de melhoramento em curso para as principais culturas. A criação e a caraterização fenotípica de populações de mapeamento devem fazer parte integrante dos programas de melhoramento em curso para as principais culturas. Nesta fase, os geneticistas e os melhoradores de plantas têm um papel crucial a desempenhar para colher os benefícios do melhoramento molecular das plantas.

Leitura recomendada

Burr, B., Burr, F.A. 1991. Recombinant inbred lines for molecular mapping of maize. Appl. Theor. Genet. 85: 55-60.

Eshed, Y., Zamir, D. 1995. Uma população de linhas introgressivas de Lycopersicon pennellii em tomate cultivado permite a identificação e o mapeamento exato de QTL relacionados com o rendimento Genetics 141: 1147-1 162.

Kaeppler, S.M., Philips, R.L., Kim, T.S. 1993. Utilização de linhas quase isogénicas, obtidas por retrocruzamento ou autofecundação, para o mapeamento de caraterísticas quantitativas. Appl. Theor. Genet. 87 : 233-237.

Lefebvre, V., Pallois, A., Caranata, C., Poshar, E. 995. Construção de um mapa de ligação intraespecífico de pimento utilizando marcadores moleculares e um gene duplo haploide. Genoma 38:112-121.

Michelmore RW, Paran I, Kesseli RV. 1991. Identificação de marcadores associados a genes de resistência a doenças por análise de segregação: um método rápido de deteção de marcadores em regiões genómicas específicas utilizando populações segregantes. PNAS, EUA 88: 9829-9832.

Simpson, S.P. 1989. Deteção da associação entre loci de caraterísticas quantitativas e polimorfismos de comprimento de fragmentos de restrição utilizando linhas puras. Theory and application. Genet. 77: 815-819.

Tamulonis, J.P., Luzzi, B.M., Hussey, R.S., Parrot, W.A., Boerma, H.R.. 1997. Análise de marcadores de DNA de loci que conferem resistência a nematóides de cisto radicular em soja. Appl. Theor. Genet. 95: 664-670.

Xi, Z.Y., He F.H., Zeng, R.Z., Zhang Z.M., Ding X.H., Li W.T., Zhang G.Q. 2006. Estabelecimento de uma grande população de linhas com substituição cromossómica de segmento único no contexto genético de uma variedade de elite.

CAPÍTULO - 5

Princípios e fases do mapeamento de acoplamento

De acordo com a teoria da herança cromossómica, os genes encontram-se num cromossoma. Os genes de um determinado cromossoma não podem estar ligados entre si e são, por isso, chamados "ligados". O processo de determinação da disposição mútua dos genes num cromossoma é designado por mapeamento genético e o mapa assim criado é designado por "mapa genético" ou "mapa de ligação".

Um mapa de ligação elaborado com marcadores moleculares fornece informações sobre :

i. Sequência relativa de diferentes marcadores num cromossoma.
ii. distância entre diferentes pontos de referência no mapa e
iii. A posição de diferentes genes em relação a um ponto de referência fixo, geralmente um marcador terminal num cromossoma.

A principal utilização dos mapas de ligação consiste em identificar as regiões cromossómicas que contêm genes e QTLs associados à caraterística em questão; estes mapas podem ser designados por "mapas genéticos" ou "mapas QTL".

Princípio da criação de mapas de acoplamento :

O mapa genético/QTL baseia-se no princípio de que os genes e os marcadores são segregados por recombinação cromossómica (crossing over) durante a meiose, de modo a poderem ser analisados na descendência. Os marcadores que estão próximos ou intimamente relacionados são transmitidos mais frequentemente dos pais para a descendência do que os genes ou marcadores que estão mais afastados. A distância é medida pelo grau de recombinação entre dois marcadores quaisquer. Uma unidade de mapa (m.u.) corresponde a uma taxa de recombinação de 10 por cento ou 1 Morgan. Quanto mais baixa for a frequência de recombinação entre dois marcadores, mais próximos estão do cromossoma. Os marcadores com uma frequência de recombinação de 50% são ditos "não relacionados" e presume-se que estejam distantes uns dos outros no mesmo cromossoma ou em cromossomas diferentes. É de notar, no entanto, que a distância entre

mapas, medida em termos de recombinação

de dois marcadores só é exato quando estes estão próximos um do outro. Quando os genes estão muito afastados, a distância do mapa é menor do que o valor real da recombinação, porque há cruzamentos duplos e múltiplos mistos. É por isso que as funções de mapeamento, como a função de mapeamento Kosambi e a função de mapeamento Haldane, são utilizadas para converter as frequências de recombinação em unidades de mapeamento chamadas centi-morgans (cM). Passos na criação de um mapa de acoplamento :

Existem três fases principais na criação de um cartão de ligação.

1. Criar uma população de cartões
2. Deteção de polimorfismo
3. Análise das relações entre marcadores

Cartografia da população

Para estabelecer um mapa de ligação, é necessária uma população de mapeamento. Os progenitores utilizados para criar a população de mapeamento devem ser geneticamente diversos para produzir um polimorfismo efetivo, mas não devem estar tão afastados entre si que possam causar esterilidade na descendência. O tamanho das populações utilizadas num estudo preliminar de mapeamento genético é geralmente de 50 a 250 indivíduos, mas o mapeamento de alta resolução requer populações maiores.

Podem ser utilizadas diferentes populações para efeitos de cartografia. As populações F2, derivadas de híbridos F1, e as populações de retrocruzamento (BC), obtidas através do cruzamento de híbridos F1 com um dos progenitores, são o tipo mais simples de populações de mapeamento criadas para espécies autopolinizadoras. São fáceis de criar e requerem muito pouco tempo. As populações consanguíneas recombinantes, obtidas pelo método SSD (Single Seed Worthy) a partir de populações F2 das gerações F6-F8, contêm uma combinação única de segmentos cromossómicos dos progenitores originais. São adequadas para o mapeamento genético/QTL, mas a sua única desvantagem é o facto de necessitarem de um período mais longo de 6 a 8 gerações. As populações duplamente haplóides (DH) podem ser obtidas por regeneração de plantas através da indução da duplicação de cromossomas a partir de grãos de pólen. A principal vantagem das populações RIL e DH é o facto de produzirem linhas homozigóticas ou linhas de reprodução verdadeiras que são estáveis e podem, portanto, ser reproduzidas em diferentes locais e anos.

Deteção de polimorfismo

O segundo passo no estabelecimento do mapa de ligação é a identificação de marcadores de ADN polimórficos, para os quais o ADN de cada planta segregante é isolado e genotipado utilizando marcadores moleculares adequados. A escolha dos marcadores de ADN pode depender da disponibilidade de marcadores caracterizados. Uma vez identificados os marcadores polimórficos, estes devem ser testados em toda a população mapeada, incluindo os progenitores.

Numa população de mapeamento F2, só podem existir três tipos de plantas: duas homozigóticas (uma parecida com cada progenitor) e uma heterozigótica. No caso de um marcador codominante, o genótipo do marcador será 1:2:1(AA : Aa : aa). Quaisquer desvios do valor esperado podem ser analisados utilizando o teste chi2. **Análise de ligação :**

A última e mais importante fase no desenvolvimento de mapas de ligação é a análise de ligação. Esta baseia-se na determinação do grau de cosegregação dos marcadores. Se o número de marcadores for pequeno, a análise de ligação pode ser efectuada manualmente, mas se o número de marcadores for grande, são necessários programas informáticos. A ligação entre marcadores é normalmente calculada utilizando rácios ímpares, por exemplo, o rácio de ligação/não ligação, que é convenientemente expresso como o rácio de probabilidades logarítmicas (LOD) - valor Lod. Um valor Lod superior a três é geralmente utilizado para criar um mapa de coesão. Um valor Lod de 3 entre dois marcadores significa que a probabilidade de um acoplamento é mil vezes superior à de um não acoplamento.

Alguns dos programas normalmente utilizados para o mapeamento são o MAPMAKER/ MAPMAKER EXP, MAPMANAGER

QTL, JOINT MAP, QTL- CARTOGAPHER, etc. Os marcadores de ligação são agrupados em conjuntos (grupos de ligação) que representam segmentos cromossómicos ou cromossomas inteiros. Para medir a distância genética com exatidão, o tamanho das populações mapeadas tem de ser maior. Devem ser utilizadas funções de mapeamento (por exemplo, Kosambi, funções de mapeamento de Haldane) para corrigir a distância no mapa. Deve-se notar que a distância genética e a distância física não são a mesma coisa. A distância física, que é

expresso em pares de bases depende do tamanho do genoma e das regiões cromossómicas, uma vez que existem pontos de recombinação quentes e frios onde a recombinação ocorre com maior ou menor frequência.

Recentemente, foi produzido um grande número de mapas de ligação para diferentes culturas, como o arroz, o milho, a soja, o grão-de-bico, etc. Foi também produzido um mapa de saturação, uma vez que um mapa saturado é uma condição importante para o mapeamento ou marcação de um gene/QTL de interesse. Foi também efectuada a saturação do mapa, uma vez que um mapa saturado é um requisito importante para o mapeamento ou marcação de um gene/QTL de interesse. **Equipamento recomendado**

Yang ND. 2001. Construção de um mapa de ligação genética de plantas utilizando marcadores de ADN. Em RL Phillips e IK Vasil (eds.) DNA-based markers inplants, Kluwer Academic Publications. Países Baixos: 31-.

CAPÍTULO - 6

Mapeamento de ligações e DL no melhoramento de plantas

A maioria das caraterísticas de importância económica em plantas e animais, bem como as caraterísticas patológicas em seres humanos, têm uma base genética que envolve vários genes e estão sujeitas a variações devidas a factores ambientais. As considerações estatísticas têm prevalecido na decomposição destes traços complexos em componentes avaliáveis. A hereditariedade dos caracteres, ou seja, a proporção da variação fenotípica que é devida a causas genéticas, tornou-se um indicador importante para decidir sobre o melhoramento genético dos caracteres económicos. A previsão da resposta à seleção artificial com base na intensidade e precisão da seleção e na presença de variabilidade genética revelou-se bem sucedida em várias culturas, animais de criação, aves de capoeira e peixes. No entanto, a relação entre o fenótipo e o genótipo era como uma caixa negra e a única forma de a estudar era através de uma abordagem inferencial. Este cenário está a mudar com o advento das modernas tecnologias de sequenciação de genes, das experiências com microarranjos e dos enormes progressos realizados na tentativa de compreender a expressão de genes e proteínas nas células de um organismo. A informação sobre marcadores moleculares, em particular, é extremamente útil para identificar regiões cromossómicas que resultam em variação de caraterísticas, fornecendo ferramentas que podem levar a procedimentos de seleção muito mais precisos para o melhoramento genético de caraterísticas económicas. Esta apresentação dará uma breve panorâmica de estudos como o mapeamento de loci de caraterísticas quantitativas (QTL), o mapeamento do desequilíbrio de ligação (LD), a seleção assistida por marcadores, etc.

Marcadores e seleção assistida por marcadores

Dos três tipos de marcadores genéticos - morfológicos, baseados em proteínas e baseados no ADN - são os marcadores baseados no ADN que estão atualmente a suscitar interesse. Um marcador deste tipo é um pequeno fragmento de ADN que apresenta polimorfismo entre indivíduos de uma população. Um dos tipos mais comuns deste tipo de marcador é o polimorfismo de comprimento de fragmento de restrição (RFLP), que, juntamente com o

dois alelos e presta-se particularmente bem a estudos de QTL em cruzamentos de linhas puras. Existem também outros tipos de marcadores, como o polimorfismo de comprimento de fragmentos amplificados (AFLP), que são geralmente marcadores dominantes. Os marcadores de ADN microssatélites apresentam variações no comprimento de um conjunto de sequências curtas de ADN repetidas em tandem, com um tamanho de repetição de 1 a 6 pb, sendo o número de repetições geralmente inferior a 100. São multialélicos e são frequentemente utilizados em estudos de mapeamento de populações de raças autóctones. São também conhecidos como repetições de sequência simples (SSR). O principal marcador atualmente muito utilizado é o polimorfismo de nucleótido único (SNP), que revela diferenças entre indivíduos ao nível do nucleótido terminal.

A sequenciação direta de todo o ADN é uma fonte importante de variação genética, mas é dispendiosa e trabalhosa. Os mapas genéticos saturados com marcadores moleculares são essenciais para estudos eficientes de mapeamento de culturas economicamente importantes.

A simples comparação do genótipo com o fenótipo pode ser muito mais eficaz através da integração de informações moleculares. No entanto, isto só pode ser útil se o marcador estiver ligado ao segmento do genoma responsável pela caraterística em estudo. Esse segmento é designado por Quantitative Trait Loci (QTL). O mapeamento de um QTL implica, portanto, a sua descoberta e a estimativa da sua posição no cromossoma, bem como a extensão do seu impacto na caraterística. A associação de um marcador a um QTL reflecte-se na associação do marcador à caraterística. Consequentemente, uma determinada percentagem da variação genética da caraterística é atribuída aos marcadores. A decomposição da variação fenotípica em variação genética e não genética com hereditariedade ($h^{2)}$ é ainda mais reforçada quando a variação genética é decomposta em variação associada a marcadores e variação não associada a marcadores. Só quando o rácio entre a primeira e a variância genética total (p) é significativo é que a utilização de marcadores ajuda a atribuir um genótipo a um fenótipo. Quando vários marcadores sucessivos são tidos em conta num segmento do genoma, fala-se de um haplótipo de marcador. Este é mais informativo do que um único marcador devido à correlação entre marcadores. Os haplótipos tendem a agrupar-se nos chamados "blocos de haplótipos", que são tais que quase não há sobreposição entre haplótipos dentro do mesmo bloco, mas há sobreposição entre blocos. Além disso, dentro de um bloco existem apenas alguns haplótipos individuais, a maioria dos quais se repete e forma um padrão específico.

Os marcadores moleculares distribuídos ao longo do cromossoma, como os RFLP, os microssatélites, os SNP, etc., permitiram identificar e avaliar os efeitos dos QTL e a sua posição no cromossoma. A informação genética destes marcadores pode também ser utilizada como critério de seleção indireta para o melhoramento genético de uma dada caraterística quantitativa, um método de seleção conhecido como seleção assistida por marcadores (MAS). A seleção baseada apenas na informação dos marcadores, como seleção indireta, pode ser mais eficaz do que a seleção individual se $p > h^2$. No entanto, se esta informação for integrada com informação de seleção artificial numa base individual e/ou colateral sob a forma de um índice, a eficiência da seleção pode ser consideravelmente melhorada. A eficiência de um tal índice de seleção pode ainda ser melhorada através da incorporação de informações sobre caraterísticas auxiliares.

A MAS baseia-se na correlação entre uma caraterística e o genótipo de um marcador, que resulta do desequilíbrio de acoplamento entre QTLs e loci de marcadores. Os cruzamentos entre linhas consanguíneas, ao contrário das populações não consanguíneas, são mais adequados para este fim, uma vez que podemos assumir com certeza uma associação inicial completa entre eles nas linhas de base.

Mapeamento de QTL

Uma vez que os genótipos dos marcadores podem ser transmitidos ao longo de várias gerações, podem ser utilizados como marcadores moleculares para monitorizar os QTL, desde que estejam estreitamente relacionados com os QTL. O primeiro desafio é, portanto, demonstrar a ligação de um marcador a um QTL. Uma vez estabelecida esta ligação, o desafio seguinte consiste em determinar a posição do mapa de QTLs no cromossoma e o

para estimar os efeitos da substituição alélica. No entanto, estes problemas dependem do facto de os dados serem provenientes de populações experimentais derivadas de cruzamentos controlados, como no caso das plantas, ou de populações naturais, como no caso dos seres humanos, em que não são possíveis cruzamentos controlados. É importante notar, no entanto, que os marcadores selecionados para a análise de QTL não devem apresentar enviesamento de segregação, uma vez que isso poderia levar a uma associação enviesada do marcador com a caraterística. Além disso, os dados fenotípicos de uma caraterística quantitativa devem ter uma distribuição normal. Por conseguinte, antes de iniciar a análise de QTL, estes pressupostos devem ser verificados relativamente aos dados em causa.

A prova da associação entre os marcadores e o QTL baseia-se no teste estatístico da hipótese nula (H0) contra a hipótese alternativa (H1). Por conseguinte, está sujeita a dois tipos de erro. A hipótese H0 afirma que não há QTL e, portanto, não há ligação entre o marcador e o QTL. Rejeitar esta hipótese, se ela for verdadeira, equivale a cometer um erro de tipo I. Isto significa que observamos uma associação entre um marcador e um QTL quando na realidade não existe QTL. Este fenómeno é conhecido como falso positivo e a probabilidade de tal acontecer é inferior a 5%. Por outro lado, se aceitarmos H0 e, portanto, que um QTL está presente, temos um erro de tipo 2. Isto significa que o nosso teste não detecta o QTL. Como em qualquer outro teste estatístico, a estratégia é minimizar a probabilidade de cometer um erro de tipo 2 (□) para um valor fixo (□). O poder estatístico para detetar um

QTL é então (1-□). Por outras palavras, a probabilidade de rejeitar H0 quando um QTL está realmente presente é máxima, e o seu valor é (1-^). Nos estudos de QTL, esses testes são realizados em vários pontos ou intervalos onde se encontram marcadores em cada um dos diferentes cromossomas do genoma. Estes testes múltiplos colocam um problema difícil, que é essencialmente de natureza estatística.

Comparação de intervalos

O método mais comum de mapeamento de QTL é o "mapeamento por intervalos". O cromossoma inteiro é dividido em intervalos curtos de cerca de 20 cM cada, e cada intervalo é examinado separadamente para identificar e estimar QTLs. Para o efeito, é utilizado um método de máxima verosimilhança, que resulta numa estatística lod-score. É escolhido um valor limite T para o lod-score para comparação com o valor observado. Um valor observado superior a T indica significância, sendo a hipótese nula a de que não existe ligação entre o marcador e o QTL. Os valores de lod-score obtidos para cada intervalo são representados em relação à posição cromossómica para obter um mapa de probabilidades. O valor máximo das pontuações lod significativas indica a possível posição do QTL para uma dada região genómica. Este método é conhecido como mapeamento de intervalos simples (SIM).

Embora os SIM sejam o método de mapeamento de QTL mais utilizado em muitas situações práticas, não têm em conta o facto de a maioria das caraterísticas quantitativas ser influenciada por vários QTL. Este problema pode ser ultrapassado através da aplicação de um modelo de mapeamento de QTLs múltiplos (MQM) ou da combinação do método SIM com um método de regressão linear múltipla, um método conhecido como mapeamento de intervalos compostos (CIM). Todos estes métodos utilizam uma abordagem de máxima verosimilhança, que fornece apenas estimativas pontuais de parâmetros como o número de QTL, a sua posição e o seu impacto. Os intervalos de confiança correspondentes têm de ser determinados separadamente por métodos baseados na amostragem. Além disso, o número correto de QTLs é difícil de determinar utilizando métodos tradicionais. A sua especificação incorrecta conduz a estimativas enviesadas da posição e do impacto dos QTLs. Para resolver estes problemas, é utilizada uma abordagem Bayesiana, que envolve o cálculo da distribuição conjunta a posteriori de todos os parâmetros desconhecidos, tendo em conta as suas distribuições prévias e os dados observados. Para o efeito, são utilizados procedimentos de modelização iterativos em computadores de alta velocidade.

Análise de QTL em tomate

A primeira e mais importante aplicação da cartografia por intervalos foi o retrocruzamento interespecífico no tomate. Os progenitores retrocruzados utilizados foram o tomateiro nativo Lycopersicon esculentum (E), com um peso de fruto de 65 g, e o tomateiro selvagem sul-americano de frutos verdes L. chmielewskii (CL), com um peso de fruto de 5 g. Um total de 237 plantas retrocruzadas foram cultivadas no campo em Davis, Califórnia, com E como progenitor recorrente. Aproximadamente 5-20 frutos de cada planta foram examinados para caraterísticas continuamente variáveis, tais como peso do fruto, concentração de solúveis e pH. Para o mapeamento de QTL, foram selecionados 63 marcadores RFLP e 20 marcadores de isocianina, separados por aproximadamente 20 cM e polimórficos entre as estirpes E e CL. Os marcadores foram identificados para cada uma das 237 progénies de retrocruzamento e foi elaborado um mapa de ligação utilizando o programa MAPMAKER. Este mapa abrangeu os 12 cromossomas com um espaçamento médio de 14,3 cM. Para o mapeamento de intervalos com o programa MAPMAKER-QTL, foram utilizados os métodos da máxima verosimilhança e da pontuação de Lod. Foi utilizado um valor limiar de T=2,4, o que dá uma probabilidade inferior a 5% de que pelo menos um falso positivo apareça algures no genoma. Os mapas de probabilidade de QTL resultantes identificaram vários QTLs para cada caraterística (6 para o peso do fruto, 4 para a concentração de sólidos solúveis e 5 para o pH do fruto) e estimaram a sua localização num intervalo de 20 a 30 cM.

Relativamente ao peso dos frutos, os estudos deste tipo

continuaram e foram identificados cada vez mais QTLs para esta caraterística. Num outro estudo, foram identificados pelo menos 28 QTLs que controlam as diferenças de peso dos frutos entre o tomate selvagem e o cultivado, sendo um deles o fw2.2 no cromossoma 2. Estudos refinados de mapeamento localizaram este QTL numa região cromossómica estreita da ordem de 1/10.000((th) of the genome). Utilizando uma abordagem de mapeamento, o fw2.2 foi clonado e a região de 19 kb de ADN que o contém foi sequenciada. Desta forma, o único gene responsável pelo efeito do QTL foi identificado como ORFX. A transformação da versão selvagem do gene em tomateiros de cultura mostrou que o peso das plantas transformadas diminuiu cerca de 30%, como esperado, confirmando a ausência de outros QTLs para o peso dos frutos na vizinhança do cromossoma. Numa outra experiência, a população estudada foi obtida a partir de um cruzamento entre a espécie selvagem L. pimppinellifolium, cujo peso médio dos frutos era de 1 g, e uma variedade de L. esculentum var. GiantHeirloom, cujo peso dos frutos ultrapassava os 1.000 g. Foram identificados os mesmos seis loci principais nos cromossomas 1-3 e 11, responsáveis por até 67% da variação fenotípica do peso dos frutos, como em ensaios anteriores. Os dois QTLs mais importantes descobertos neste estudo foram fw 11.3 e fw 2.1 nos cromossomas 11 e 2, respetivamente.

Discriminação de ligações (LD) ou mapeamento de associações

Os estudos de associação envolvendo desequilíbrio de ligação (LD) entre marcadores e genes responsáveis por caraterísticas complexas têm sido efectuados em diferentes partes do mundo, mas principalmente na genética humana. A ideia básica é que uma mutação patológica, que se presume ter surgido uma vez no haplótipo ancestral de um único cromossoma no passado da população em causa, é transmitida de geração em geração juntamente com marcadores em loci estreitamente ligados, conduzindo ao DL. Um método frequentemente utilizado em estudos de genética humana é a análise caso-controlo, que envolve a comparação da frequência de genótipos ou alelos de genes candidatos em casos e controlos não relacionados. No entanto, se a população for composta por diferentes grupos étnicos que diferem em termos de frequência dos alelos dos marcadores e da ocorrência de doenças, o método de comparação caso-controlo conduz a uma associação espúria entre os genótipos dos marcadores e as caraterísticas das doenças. Os métodos de associação baseados na família, como o teste de transmissão/desqualificação (TDT), contornam estes problemas.

Ligação e mapeamento LD-Co

Embora o mapeamento de ligação facilite a identificação das regiões cromossómicas que contêm QTL, é difícil determinar a sua posição exacta. Como esta abordagem depende do cruzamento de dois verdadeiros progenitores reprodutores, abrange apenas uma pequena parte da diversidade genética de uma população. A cartografia de associação, por outro lado, cobre uma grande parte da diversidade genética e requer menos indivíduos, mas é menos eficaz na deteção de QTL, a menos que estes sejam partilhados. No entanto, é possível combinar as vantagens das duas abordagens, começando por detetar QTLs através de um mapeamento acoplado com um número moderado de marcadores e, em seguida, efetuar um mapeamento de associação de alta resolução nas regiões de QTL, utilizando um mapa com uma elevada densidade de marcadores.

Mapeamento de associações aninhadas (NAM) para o milho

As vantagens da cartografia acoplada e da cartografia de associação foram recentemente combinadas numa única população de milho, utilizando uma abordagem de cartografia de associação aninhada (NAM). Uma população de milho NAM foi obtida através do cruzamento de uma estirpe de referência comum com 25 linhas de milho diferentes. Os indivíduos de cada um dos 25 cruzamentos foram cruzados durante quatro gerações sucessivas para produzir 5.000 linhas puras recombinantes (RILs) de NAM. Essa população foi usada para a identificação inicial de QTLs usando o método de mapeamento de ligação. Seguiu-se o mapeamento de associação de alta resolução com alta densidade de marcadores dentro de cada linha. É importante notar que dentro de cada RIL, todos os indivíduos são virtualmente idênticos geneticamente. Isto significa que podemos estimar o verdadeiro valor genético de cada linha com muito mais exatidão, calculando a média das medições fenotípicas de uma determinada caraterística feita em vários indivíduos com o mesmo genótipo.

Numa experiência recente, a arquitetura genética da floração do milho foi estudada utilizando o NAM. Cerca de 1 milhão de plantas em oito ambientes foram analisadas com o objetivo de mapear QTLs. Foram encontrados entre 29 e 56 QTLs que influenciam o período de floração. Estes QTLs eram de baixo impacto e estavam presentes em diferentes famílias. Surpreendentemente, a análise mostrou que nem um único QTL teve um efeito significativo. Além disso, não houve indicação de epistasia ou interação ambiental. A floração controla a adaptação da planta ao ambiente local nas espécies de Zea mays (milho) que cruza. Um modelo genético aditivo simples que prediz com exatidão o período de floração nesta espécie está em total contradição com o que foi observado em várias espécies de plantas que praticam a autofertilização.

CAPÍTULO - 7

Deteção e utilização de loci de caraterísticas quantitativas através de análise AB-QTL em plantas cultivadas

Muitas das plantas cultivadas utilizadas atualmente pela humanidade foram derivadas de parentes selvagens por seleção ou hibridação, a fim de obter os melhoramentos desejados. A utilização de genes de parentes selvagens de plantas cultivadas para melhorar o rendimento das culturas é bem conhecida e existem exemplos significativos há mais de 60 anos. A libertação de variedades que contêm genes de parentes selvagens parece estar a aumentar constantemente. Embora a ênfase ainda esteja na utilização de genes de resistência a pragas e doenças, está a ser introduzida uma gama mais ampla de caraterísticas do que no passado. Os COC estão a ganhar importância e a difundir-se, mas a sua contribuição para o desenvolvimento de novas variedades continua a ser menor do que seria de esperar. No entanto, a melhoria dos métodos de cruzamento de espécies de diferentes pools genéticos, os avanços nas técnicas moleculares de gestão dos programas de retrocruzamento, o número crescente de espécies selvagens nos bancos de genes e a abundante literatura sobre caraterísticas úteis têm contribuído para uma evolução positiva dos resultados.

Os parentes selvagens são, em geral, significativamente inferiores às variedades modernas em termos de propriedades agronómicas, qualidade e rendimento. No entanto, há razões para crer que as variedades selvagens podem produzir alelos úteis para melhorar estas caraterísticas, utilizando técnicas de seleção adequadas. As tecnologias moleculares e as técnicas de hibridação estão atualmente disponíveis para o melhoramento e o desenvolvimento de variedades utilizando variedades selvagens. Tanksley et al (1997) sublinharam o papel potencial da cartografia do genoma na utilização eficiente da diversidade genética dos parentes selvagens e sugeriram que a amostragem contínua de germoplasma selvagem conduziria à descoberta e utilização de novos genes.

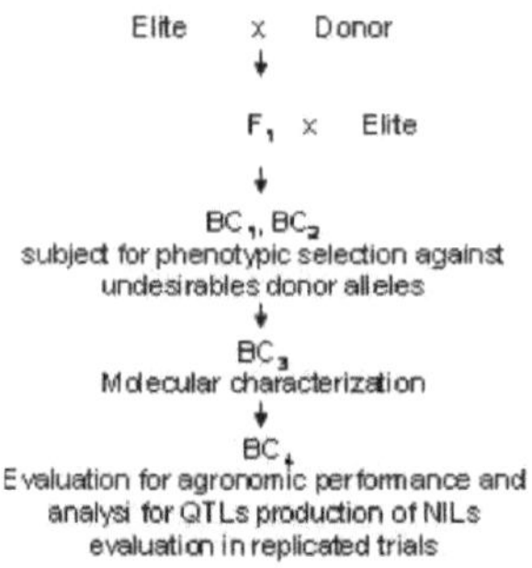

Como é que as espécies selvagens podem ser exploradas?

A hibridação remota, a hibridação **somática, o** resgate de embriões e **a transformação** são técnicas **importantes que podem ser** utilizadas **para transferir genes de parentes selvagens para parentes cultivados.**

Análise avançada de loci de caraterísticas quantitativas em retrocruzamentos (AB-QTL)

A Análise Avançada **de Traços** Quantitativos em Retrocruzamentos (**AB-QTLs**) é um método para a deteção **e transferência** simultâneas **de** QTLs valiosos de **germoplasma** não adaptado para **linhas de melhoramento de elite. Representa uma** abordagem **molecular** potencial **para a utilização de parentes** selvagens **em programas de melhoramento. Foi desenvolvida** para identificar **e** selecionar alelos de QTL **novos** e **úteis** de antepassados exóticos para introdução em **grupos de genes de elite.** A **estratégia** geral para a análise AB QTL **está resumida na Figura 1.**

Recentemente, o teor de proteínas das **plantas cultivadas, como o trigo e** a soja, **aumentou,**

Os mirtilos, **a qualidade do grão de arroz, a qualidade do malte de cevada** e **várias caraterísticas de qualidade** do tomate foram melhoradas utilizando **os seus parentes selvagens.** Os tomates **fornecem muitos** exemplos **clássicos** de **caraterísticas de qualidade** melhoradas **através da utilização de genes selvagens, como o** aumento do teor de **solúveis, a cor dos frutos e** a adaptação à

colheita. O mapeamento e a análise **de QTL** ajudaram a descobrir genes úteis de controlo da qualidade, como o tamanho do fruto, no antepassado de baixa frutificação do tomateiro L. pimpinellifolium (Tanksley et al., 1996). Uma série de outros sucessos relativos a caraterísticas de qualidade podem ser atribuídos a parentes selvagens: duplicação do teor de proteínas na variedade de mandioca brasileira ICB 300, derivada de Manihot oligantha (Nassar 2003), análise AB-QTL no trigo de inverno para identificar alelos favoráveis para caraterísticas de qualidade de moagem e de cozedura (Kunert et al., 2007), etc.

Uma experiência com AB-QTL em tomates

Bernacchi et al (1998) relataram a aplicação de uma estratégia AB-QTL para o melhoramento de tomates cultivados, utilizando a espécie selvagem Lycopersicon hirsutum (LA1777) como progenitor dador para a coloração vermelha. As impressões digitais genómicas RFLP foram determinadas para 315 plantas BC2 e foram recolhidos dados fenotípicos para 19 caraterísticas agronómicas de aproximadamente 200 linhas BC3 cultivadas em ensaios de campo replicados em três locais em todo o mundo. Foram identificados QTLs significativos para cada uma das 19 caraterísticas, o que perfaz um total de 121 QTLs para todas as caraterísticas. Para 25 dos QTL (20%), correspondentes a 12 caraterísticas (60%). O alelo de L. hirsutum foi associado a melhores caraterísticas de desempenho hortícola, embora L. hirsutum fosse geralmente fenotipicamente inferior ao seu progenitor de elite. Por exemplo, os frutos de L. hirsutum permanecem verdes após a maturação (ausência de pigmentação vermelha), mas foram encontrados alelos para pigmentação vermelha nesta espécie.

Análise AB-QTL para cevada de primavera :

Korff M et al (2008) relataram a identificação de alelos exóticos de locus de caraterísticas quantitativas (QTL) favoráveis ao melhoramento de caraterísticas agronómicas na população BC2DH S42, resultante de um cruzamento entre a variedade de cevada de primavera Scarlett e a variedade de cevada selvagem ISR42-8 (Hordeum vulgare ssp. spontaneum). Os QTL foram determinados como um efeito principal do marcador e/ou efeito de interação marcador-ambiente (M-E) numa ANOVA de três factores. Utilizando dados de campo de oito ambientes e dados genotípicos de 98 loci SSR, foram identificados 86 QTLs para nove caraterísticas agronómicas. IN 60 QTLS.

o efeito principal do marcador, para cinco QTL o efeito da interação M-E, e para 21 QTL ambos os efeitos foram significativos. A maioria dos efeitos da interação M-E envolveu variações de ordem de grandeza, pelo que continuam a ser valiosos para a seleção assistida por marcadores em diferentes ambientes. Os alelos exóticos melhoraram o desempenho de 31 (36,0%) dos 86 QTL identificados para caraterísticas agronómicas. Os alelos exóticos tiveram efeitos favoráveis em todos os caracteres quantitativos analisados. Estes alelos exóticos favoráveis foram encontrados em particular no braço curto do cromossoma, onde a cevada selvagem transporta alelos valiosos que podem enriquecer a base genética da cevada cultivada e melhorar o braço 2H e o braço longo do cromossoma 4H. O alelo exótico no cromossoma 4HL, por exemplo, aumentou o rendimento em 7,1%. Além disso, a presença do alelo exótico no 2HS aumentou as caraterísticas de rendimento, nomeadamente o número de espigas por m^2 e o peso de mil grãos, em 16,4% e 3,2%, respetivamente. Este estudo mostrou, portanto, que a cevada selvagem é portadora de alelos valiosos que podem enriquecer a base genética da cevada cultivada e melhorar as caraterísticas agronómicas quantitativas.

Análise AB-QTL para o trigo de inverno :

Trigo hexaplóide sintético (T. turgidum ssp. dicoccoides, T. tauschii) como fonte de alelos favoráveis para caraterísticas de qualidade de moagem e panificação. Kunert et al (2007) utilizaram uma estratégia AB-QTL para procurar QTLs para caraterísticas de qualidade de panificação em duas populações de trigo de inverno BC2F3. Os retrocruzamentos foram efectuados a partir de duas variedades alemãs de trigo de inverno, Batis e Zentos, e de duas variedades hexaplóides de trigo sintético, Syn022 e Syn086. As variedades sintéticas derivaram da hibridação entre a planta de amido selvagem T. turgidum spp. dicoccoides e T. tauschii, e não entre o trigo duro e T. tauschii, o que permitiu testar pela primeira vez os efeitos dos

QTL exóticos nos genomas dos trigos A e B, para além do genoma D. As variedades sintéticas foram também testadas no genoma da cevada. Os caracteres de qualidade estudados incluíram o peso hectolitro, a dureza do grão, o rendimento em farinha do tipo 550, o número de queda, o teor de proteínas do grão, o volume de lama e o volume de cozedura. Cento e quarenta e nove marcadores SSR foram utilizados para genotipar um total de 400 linhas BC2F3. Para identificar QTLs, foi efectuada uma ANOVA utilizando um modelo misto, tendo em conta os efeitos dos marcadores de ADN, da linha BC2F3, do ambiente e da idade.

e a interação do marcador com o ambiente. No total, 38 QTL foram identificados como sendo significativos para o efeito principal do marcador. O alelo exótico melhorou o desempenho de 14 QTL (36,8%), enquanto o genótipo Elite teve um efeito favorável em 24 QTL (63,2%). Os alelos exóticos favoráveis foram principalmente associados ao teor de proteína do grão, embora o maior melhoramento de caraterísticas tenha sido obtido por alelos exóticos para as caraterísticas Falling Number e Mud Volume. No caso de um QTL no cromossoma 4B, o alelo exótico aumentou o Falling Number em 19,6%, e no caso de um QTL no cromossoma 6D, o alelo exótico resultou num aumento de 21,7% no Volume de Lama. Os resultados mostram que o trigo sintético derivado da planta amilácea selvagem T. tauschii possui alelos QTL favoráveis para caraterísticas de qualidade da panificação, que podem ser úteis para a criação de variedades de trigo melhoradas através da seleção assistida por marcadores.

Conclusão

Embora os antepassados selvagens possam ser fenotipicamente piores do que os antepassados cultivados, transportam genes que podem contribuir para o desenvolvimento de caraterísticas vantajosas, como o stress abiótico e biótico e as caraterísticas de qualidade. Para várias caraterísticas, há exemplos em que os parentes selvagens foram utilizados com êxito como dadores dos alelos necessários. A análise AB-QTL provou ser uma abordagem muito eficaz e eficiente para identificar e selecionar alelos para caraterísticas de qualidade úteis. medida que os benefícios do melhoramento convencional começam a esgotar-se, é necessário combinar o melhoramento convencional, a genómica e as tecnologias transgénicas para desenvolver variedades de plantas mais bem adaptadas utilizando espécies selvagens. Estas estratégias poderiam ser mais eficazes na identificação de alelos para caraterísticas agronómicas e de qualidade.

Leitura recomendada

Bernacchi, D., Beck-Bann, T., Eshed, J., Lopez, J., Petitard, V., Uhlig, J., Zamir, D., Tanksley, S. (1998). Análise melhorada de QTL de retrocruzamentos em tomate. I. Identificação de QTL para caraterísticas de importância agronómica em Lycopersicon hirsutum. Theor Appl Genet 97: 381-397

Kunert A., Naz A., Dedeck O., et. al, (2007). AB-QTL analysis in winter wheat: hexaploid synthetic wheat (T. turgidum ssp. X T. tauschii) as a source of favourable alleles for milling characteristics and baking quality. Theor Appl Genet 115:683-695

Korf M., Wang H. e Leon J. (2008). Análise AB-QTL em cevada de primavera: identificação de alelos exóticos para melhorar a qualidade do malte em cevada de primavera (H. vulgare ssp. spontaneum). Mol.Breeding 21:81-93

Nassar NMA (2003). Recursos genéticos da mandioca, Manihot esculenta Crantz: VI Anatomia do centro de diversidade. Genet *Mol Res* 2:214-222.

Tanksley S., Grandillo S., Fulton T.M., et. al, (1996). Análise de QTLs em um cruzamento entre uma linha de elite de tomate para processamento com um parente selvagem L. pimpinellifolium. Theo.r Appl. Genet. 92:213-224

Tanksley S, McCoach S (1997). Seed banks and molecular maps: exploiting the genetic potential of wildlife. Ciência 277:1063-1066

MIX
Papier aus verantwortungsvollen Quellen
Paper from responsible sources
FSC® C105338

Printed by Books on Demand GmbH, Norderstedt / Germany